图解版 奇异大探索系列

TU JIE BAN QI YI DA TAN SUO XI LIE

奇妙生物

腾翔/编著

CFP 中国电影出版社

图书在版编目（CIP）数据

奇妙生物/腾翔编著. -- 北京 ：中国电影出版社，2014.2
(图解版奇异大探索系列)
ISBN 978-7-106-03825-0

Ⅰ．①奇… Ⅱ．①腾… Ⅲ．①生物学—少儿读物 Ⅳ．①Q-49

中国版本图书馆CIP数据核字（2013）第307313号

责任编辑 纵华跃 刘 刚
策 划 人 于秀娟
责任印制 庞敬峰
设计制作 北京腾翔文化
图片授权 北京全景视觉网络科技有限公司
北京图为媒网络科技有限公司

图解版奇异大探索系列

奇妙生物

腾翔/编著

出版发行 中国电影出版社（北京北三环东路22号） 邮编100013
电话：64296664（总编室） 64216278（发行部）
64296742（读者服务部） E-mail：cfpygb@126.com
经 销 新华书店
印 制 北京睿特印刷大兴一分厂
版 次 2014年2月第1版 2014年2月第1次印刷
规 格 开本/787毫米×1092毫米 1/16 印张/10

书 号 ISBN 978-7-106-03825-0/Q·0006
定 价 19.50元

这是一个精彩纷呈的世界，浩瀚的宇宙引人遐思，壮观的山河震撼心灵，娇艳的花朵点缀着自然的每一个角落，可爱的动物又让人类不再孤单，而我们的孩子则无忧无虑地生活在这个五彩缤纷的世界上，呼吸着新鲜的空气，享受着科技带来的便利，与万物为伴，在歌声中快乐地成长。

然而，孩子们的小脑瓜可是不会闲着的。伴随着年龄的增长，他们脑子里的疑问也会越来越多：宇宙是什么样子的？地球上的山河是怎么形成的？千奇百怪的动物是怎么生活的？谁创造了艺术，又是谁把它发扬光大的呢？

为了解决孩子们的疑问，同时也为了开拓他们的视野，增长知识，我们特意编写了这套《图解版奇异大探索系列》，将孩子们最想知道的知识编入《奇幻自然》《奇妙生物》《奇趣科技》《奇观异俗》《奇彩文化》《奇绚艺术》《奇瀚宇宙》《奇奥恐龙》等八本书中，用大量精美绝伦的图片和简洁生动的文字，为他们打开通往知识世界的大门，插上通往理想天空的翅膀，任其自由徜徉在科学的海洋。

由于时间仓促，编写疏漏之处，敬请指正。

编者

奇妙生物

目录

大自然

动物世界

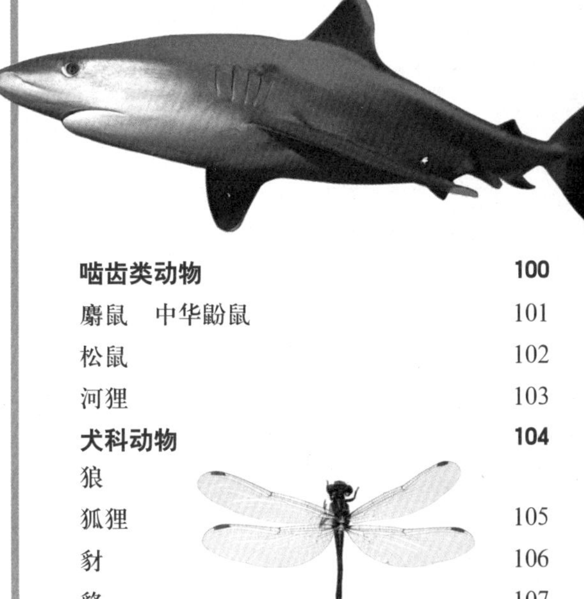

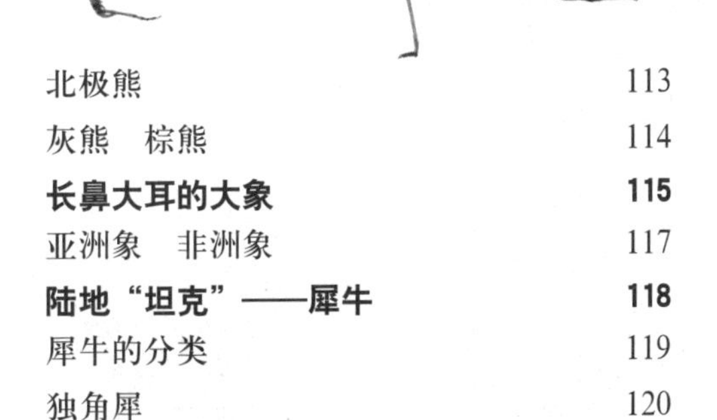

植物天地

显微镜下的生命

大自然是所有地球生物的幸福家园。蔚蓝的天空、茂密的森林、起伏的群山、潺潺的流水……是它们将我们的地球装点得更加动人，更加和谐美好。

奇妙生物

大　自　然

生物漫长的进化过程

在30多亿年前，地球上出现了生物，它们开始一直以单细胞的形态生存在浩瀚的海洋中。直到6.8亿年前，海洋中的生物个体才出现了体积较大、结构较复杂的多细胞生物。

后来到了距今5.7亿年前，地球上终于出现了新型的海洋动物，这些动物由于生有甲壳，所以后来有化石留下。鱼类动物诞生在4亿年前，开始它们还是无脊椎动物，后来慢慢演化，逐渐长出了脊椎。

在石炭纪的中晚期，地球上出现了更为进步的两栖动物，它们是脊椎动物中最早登陆的类群。它们不但具有鱼类动物的特征，而且也可以适应陆地上的生活。虽然开始的时候还是不能完全脱离水域，但是这毕竟是动物进化史上一次重大的进步。

▲ “活化石”——大熊猫

根据科学考证，人类是由类人猿进化而来的，出现的时间应该在约500万年以前。

在探究生命起源和地球身世的时候，化石是最有说服力、最可靠、最科学的考证依据。化石可以完整、真实地再现当时的生态环境，从而模拟、还原生物当时的状态，并且推断出每个地质时代的主导生物类群和生物发展的历程。

我们生活的自然环境是人类生存的唯一家园。我们生活的地球表层，是由水、岩石和空气组成的世界，水圈、岩石圈和大气圈为我们人类的生存和发展提供了必要的物质条件，这三个圈的交界处是最适合生物生存的环境。

生物圈之间无时无刻不在进行着物质交换和能量流动，这样生物才能得以生存和发展。

自然界是人类以及其他生物生存和繁衍的物质基础，所有的生命活动都发生在这个环境中，所以保护自然同时也是维护我们自身生存和发展的前提。

人与自然的关系

有一个十分奇特的现象，可以让我们进一步地了解人类与自然环境的关系。科学家研究发现，地球的地壳中含有60多种化学元素，而人体的血液中含有化学元素的比例恰恰和这个比例很相近，由此我们可以看出人类对自然环境的依赖性。

当然，除了上面提到的微妙关系，还有更为密切的联系。例如，人们在生活中时时刻刻都要进行呼吸，这就是最基本的人类与自然之间进行的物质交换。我们吸入氧气，呼出二氧化碳；每天三餐饭桌上的蔬菜和米饭提供给我们的能量和营养，这些都是人类与自然环境进行的物质交换。这种平衡关系被破坏了，就会给人类的生活甚至生存带来威胁。

生态系统

大自然约有200多万种生物，这些生物群落的生存和发展离不开地球表层的空气、水和土壤中的养分。各种生物群落在一定的区域范围内相互依存、相互影响，构成一个组合的大生物群落，并且与各自的环境进行着物质交换和能量转换。这个动态的系统也就是我们常说的生态系统。

◀野生草莓

◀猕猴上齿化石

生态系统的各个组成部分都是相互依存的。自然界的生态系统有成员众多的，也有范围很小的。大的生态系统例如湖泊、草原、海洋等，小的有小池塘、小沙丘等。

在提到生态系统的时候，人们习惯于将池塘生态系统作为分析的范例，因为池塘生态系统是最为典型的。

生态系统主要由四部分构成

1.动物
2.植物
3.微生物
4.非生物环境

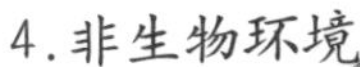

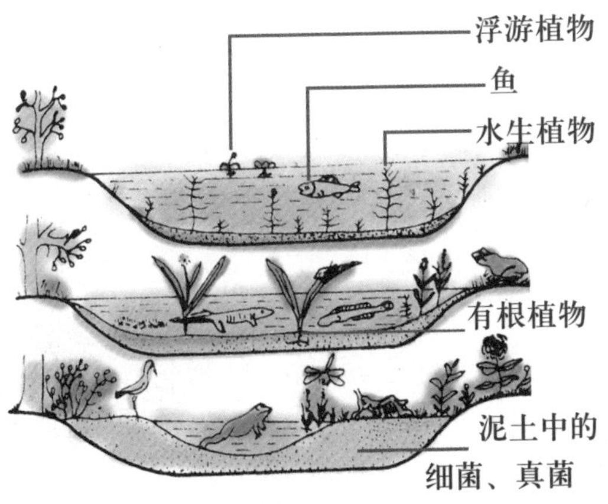

▲ 池塘生态系统

消费者——动物

动物本身是不会直接运用外界的能量和无机物的，它们无法自身制造有机物，主要是消化生产者产生的能量。

绿色植物中含有的叶绿素，在进行光合作用的过程中能够将太阳能转化为化学能，将无机物转化为有机物。它们是地球上食物和能量的最初来源。

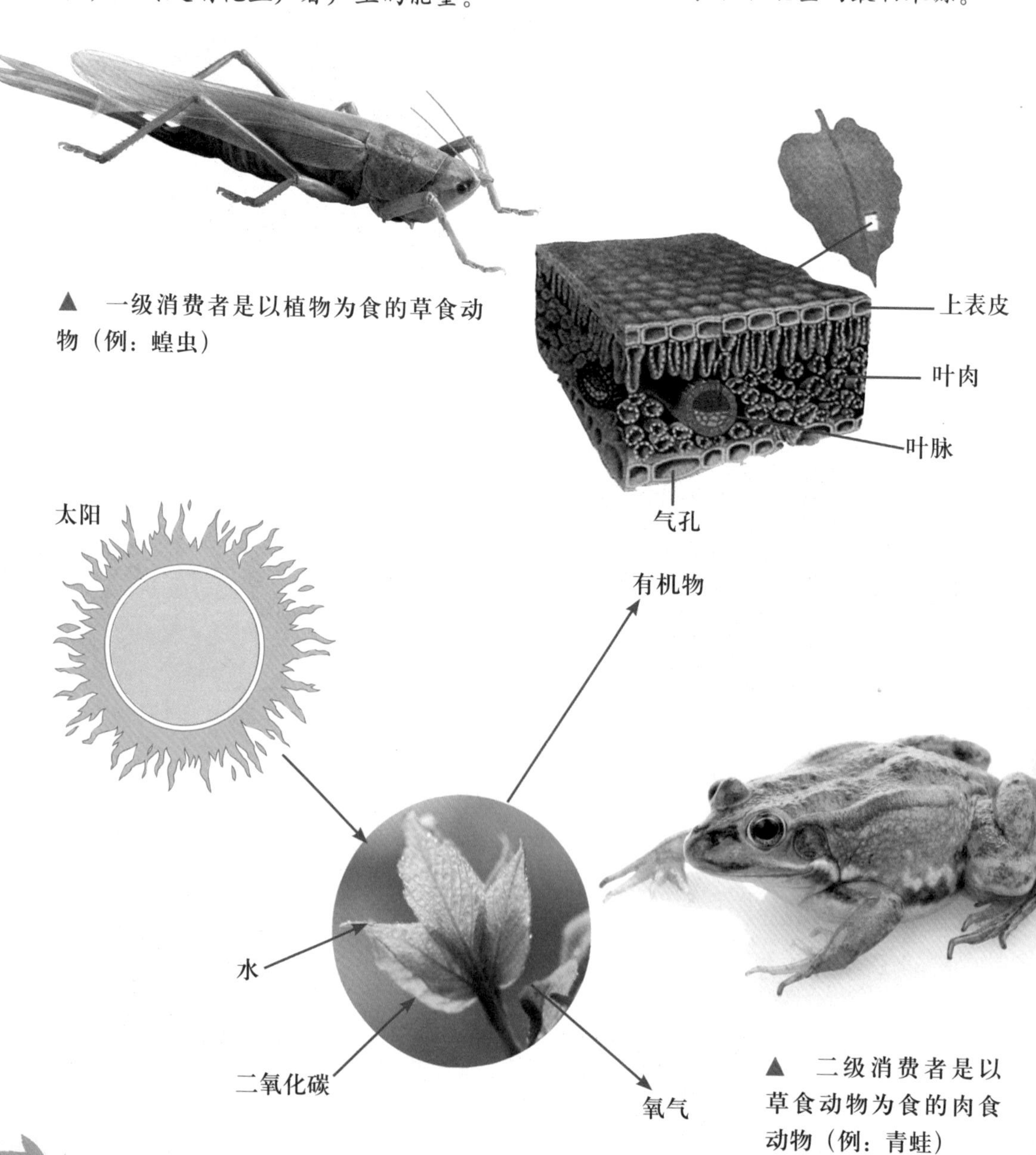

▲ 一级消费者是以植物为食的草食动物（例：蝗虫）

▲ 二级消费者是以草食动物为食的肉食动物（例：青蛙）

在生态系统中，每一位成员都在各尽其责，时而分工，时而合作。生产者为消费者和分解者提供食物；消费者在消化生产者的过程中有节制地控制生产者的数目；分解者将生产者的尸体和消费者的排泄物分解成无机物；生态系统能够不停地运转，就是因为有了生产者、消费者、分解者和非生物环境之间的默契合作。

生态系统的成员

生产者

消费者

分解者

鞭毛虫

虽然在生态系统中生活着各种各样的生物，但是它们之间也是有规律可循的。在每个生态系统中，无论它的规模大小，生物种类的多少，都会有一个基本的规律，每种生物都有各自的职责和各自的位置，从而构成一个动态的自然循环过程。

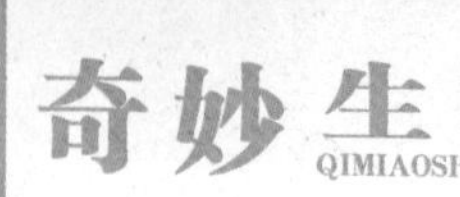

食物链

地球上的所有生物都存在着一种吃与被吃的关系，弱肉强食是生态系统中不可变更的自然规律。在这种吃与被吃的过程中形成了一条像链子一样的猎食关系，称作食物链。

食物链是生态系统中各种生物之间最基本的取食关系，但是在大的生态系统中，同一种植物会成为很多种动物的食物，而且，每一种动物也不是只吃一种植物。这样复杂的取食关系，就构成了相互交织的网状食物体系。在这样的体系中包含更多的食物链，每条食物链又会结出分支，我们把这样的网状体系叫作食物网。

鼠尾草

植物被真菌分解，同时真菌类给土壤提供养分，使新的植物成长起来

植物是蜗牛的食物

植物同时又是昆虫和草食动物的食物

植物和昆虫都是獾的食物

大型肉食动物是食物链中的最高级别

正在觅食的母狮

食物链主要分3个类型

1.捕食性植物链

植物—小动物—大动物

2.寄生性食物链

大动物—大动物身上寄生的小动物

3.腐生性食物链

坏死的动植物尸体上繁殖新的细菌

动物是生物界中最大的类群，有地下住的，地上爬的，天上飞的，水里游的，它们生生不息地生活在我们身边。

奇妙生物

动物世界

远古时代的动物

远古时代的动物出现于几亿年以前，是地球上的第一批动物，也是现在很多动物的祖先。从弱小的文昌鱼，到体型庞大、称霸海陆空的恐龙，远古时代的动物在地球生物的发展史上留下了深深的足迹。

脊椎动物祖先的模型——文昌鱼

文昌鱼身长3~5厘米，身体细长，两头较尖。虽然叫“文昌鱼”，但是却一点儿也不像鱼，更像是扁担。身体呈半透明的粉红色，全身长着一条条平行排列的肌肉纵，而且不像鱼类，没有鳞，也没有偶鳍和脊椎骨。文昌鱼也没有眼睛、鼻子、耳朵这些感觉器官，就连消化器官也没有完全分化。

文昌鱼的寿命一般在3~4年。它喜欢把身体埋在沙子里，露出一半在外面，以水中的浮游植物为食。

文昌鱼几乎没有什么自卫能力。

文昌鱼并不是鱼，而是无脊椎动物到脊椎动物的过渡生物物种，虽然看上去与鱼类的特征有许多不同，但是，在生物进化的历程中依然占有特殊地位，它和所有脊椎动物（包括人类）的起源密切相关。

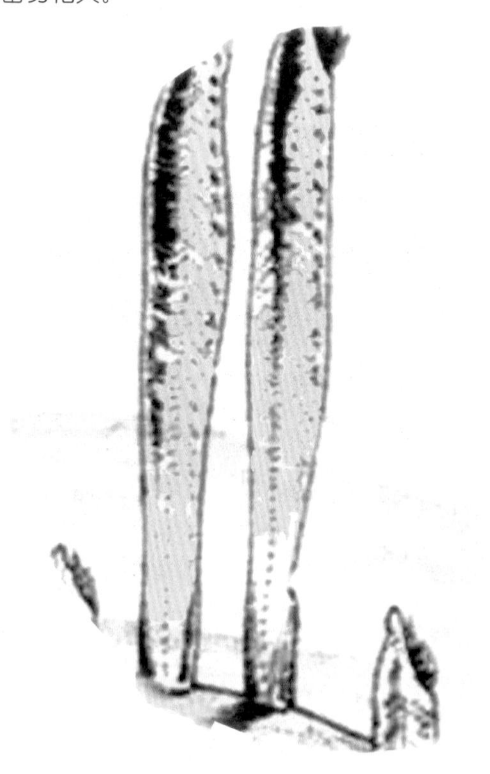
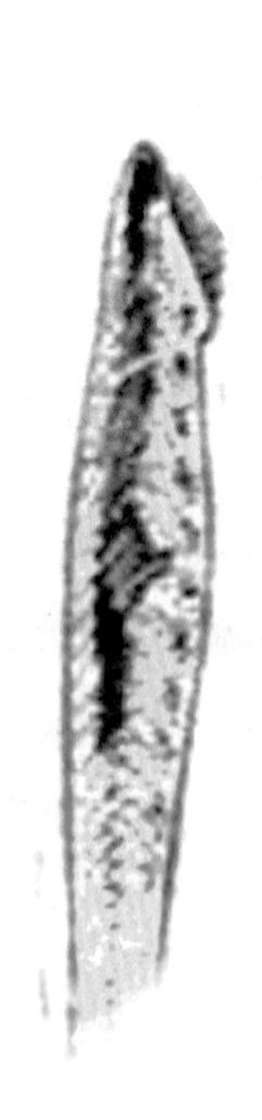

◀文昌鱼

主宰古生代的三叶虫

体形宽扁，后背正中突起，并有两条沟，看上去就像是把身体分成了三部分，所以人们叫它三叶虫。其中身长最长的有70厘米左右，最短的甚至不到1厘米。三叶虫身体表面光滑，一节一节的，每节上长着附肢。它的前端有一对起感觉作用的触角，头上长着半圆形的护甲，两侧是复眼。

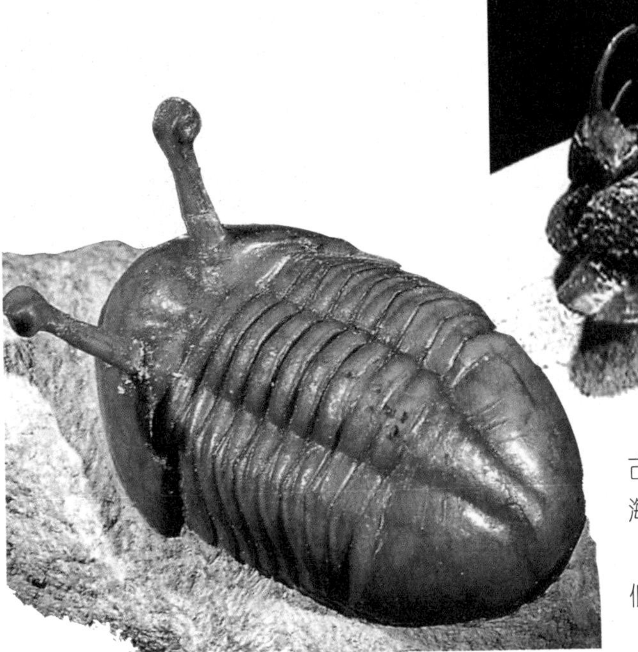

三叶虫生活在6亿—2亿年前的古生代，几乎占据了当时地球的整片海洋。

三叶虫主要以摄取水中动物以及低等植物为食。

目前，世界上已经发现的三叶虫化石大约有4000多种。

鸟类的祖先——始祖鸟

始祖鸟是最原始的鸟类。最初的始祖鸟化石在德国被发现，据考证是生活在1.5亿年前的白垩纪。始祖鸟有如乌鸦般大小，身体长有羽毛，前肢进化成了飞翼，足上有四趾，三前一后，这些都是与现代鸟类相似的特征。

奇怪的是，在它飞翼的前尖长有指爪，身后还长着像爬行动物一样的由许多节尾椎骨组成的长尾巴。

始祖鸟已经具有了比较完整的羽毛和翼，但是和现在的鸟类相比，始祖鸟的飞行能力还是比较低的。

◀ 始祖鸟化石

卵生的哺乳动物——鸭嘴兽

鸭嘴兽是现今地球上生活的上古类动物中仅存的三种动物之一，也是现存最原始的哺乳动物之一。体形肥扁、长着一副像鸭嘴一样的角质喙，并且四肢有蹼，在进入水中的时候会自己闭上，这时候，它的嘴就成了最敏锐的感觉器官，它可以根据藏在沙子下面的蠕虫发出的微弱电流找到它们的行踪。它会把捕捉到的猎物存放在脸颊两侧的囊中，磨碎之后再吞进肚子里去。它吃东西的样子也十分可爱，一边吃东西一边摇头晃脑的。

作为挖土能手，鸭嘴兽钻洞的速度比穿山甲还要快。

鸭嘴兽喜欢白天睡大觉，晚上再出来捕食，虫子、青蛙都是它的猎物。

雄鸭嘴兽的每条后腿上都长有一根毒刺，能够分泌毒液，是攻击对手的最好武器。

鸭嘴兽求偶的时候，雌性表现得更主动，它们的婚礼也是在水中进行的。

中生代的陆上霸主——恐龙

在大约2.3亿年以前的地球上，曾经出现过一类新的爬行动物，它们的腿直立位于躯体下方，不再像其他爬行动物那样向外伸出，有四条腿行动迟缓的，也有两条腿奔跑迅速的。而且其中有一些是地球上曾经存在过的最巨大的动物，它们就是中生代的陆上霸主——恐龙。

霸王龙 ▶

▼ 腔骨龙

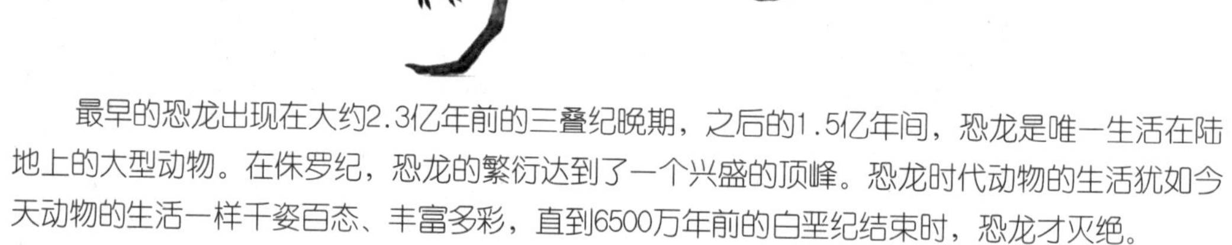

最早的恐龙出现在大约2.3亿年前的三叠纪晚期，之后的1.5亿年间，恐龙是唯一生活在陆地上的大型动物。在侏罗纪，恐龙的繁衍达到了一个兴盛的顶峰。恐龙时代动物的生活犹如今天动物的生活一样千姿百态、丰富多彩，直到6500万年前的白垩纪结束时，恐龙才灭绝。

迅猛龙 ▶

恐龙的家族

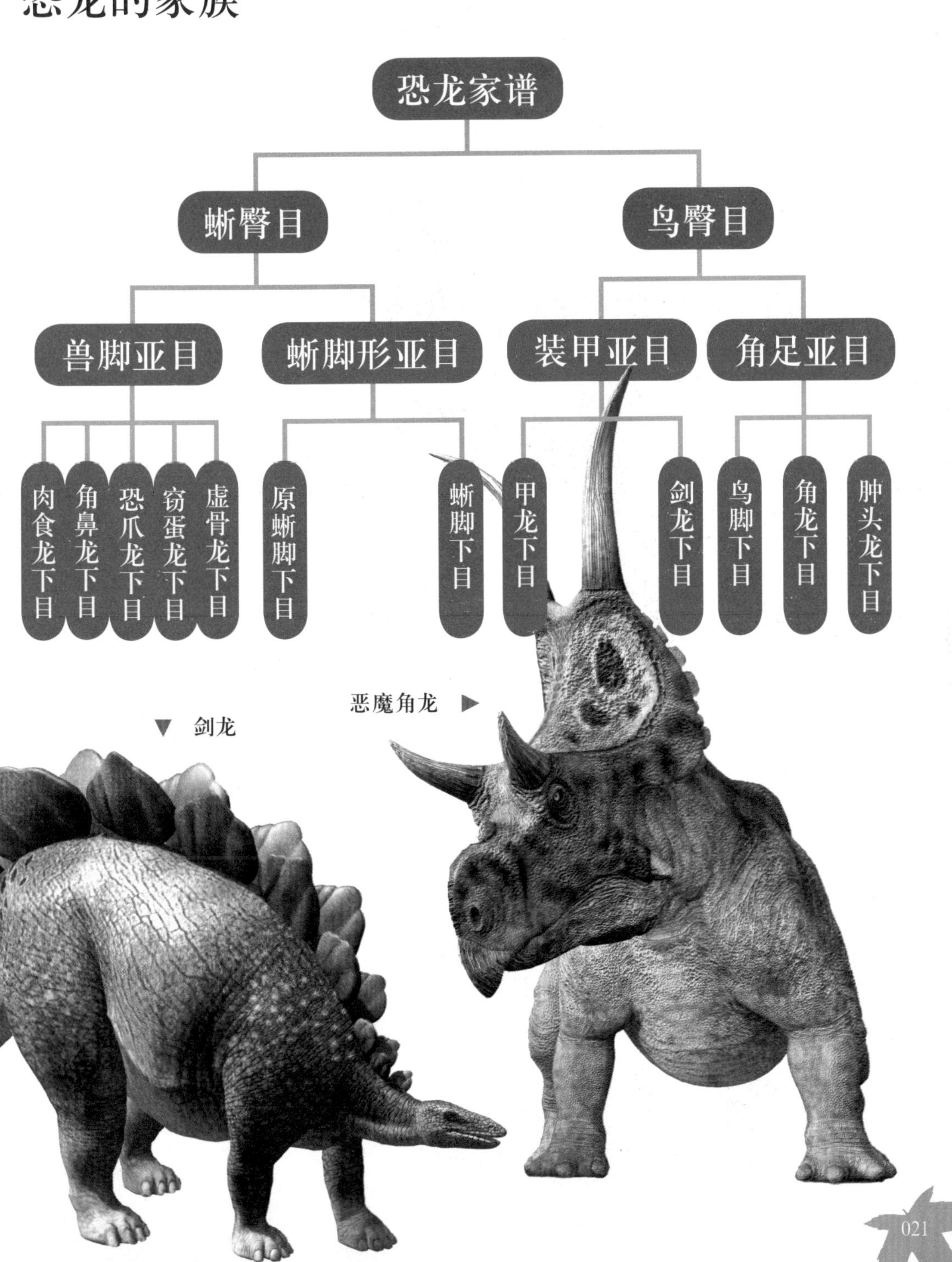

恶魔角龙 ▶

▼ 剑龙

恐龙灭绝之谜

没有人确切地知道什么原因导致了6500万年前恐龙的突然灭绝。一种说法是可能由于太空中小行星对地球的猛烈撞击所致。

有一种说法是当时地球火山运动频繁，造成气候从炎热到寒冷的转变，恐龙无法适应气候的骤然变化而集体从地球上消失了。

霸王龙

这种巨型的肉食恐龙，生活在白垩纪晚期的北美洲和亚洲。霸王龙有巨大的头颅和整齐的尖牙，它的前肢极其短小，用后腿直立行走，速度能够达到每小时30千米或是更快。

角龙

角龙的身体与其他伙伴相比要小很多，一眼看去外形很像犀牛，小一点儿的大概和猪差不多大。它头前的利角是和敌人战斗的致命武器；而身上披着的骨质褶边，可以在受到攻击的时候保护自己免受敌人尖爪利齿的伤害。

科学家通过研究恐龙的年龄，发现某些巨大的长颈素食恐龙可能有100多岁。事实上，冷血动物的寿命是要比温血动物长一些。假如长颈素食恐龙纯粹是冷血动物的话，它们的寿命应该可以超过200岁或是更久。

剑龙

剑龙背部长着两排巨大坚硬的三角形骨板，尾端长有尖利的刺，这些都是它自卫的主要武器。虽然身躯巨大，但是它的头却显得很小，并且要不停地咀嚼树叶和其他植物以补充庞大身躯所消耗的能量。

恐爪龙

恐爪龙是驰龙科恐龙的一种，最明显的特征是长着令人望而生畏的镰刀状趾爪，长约12厘米。捕猎时，恐爪龙通常用锋利的趾爪戳刺猎物。

恐爪龙的发现被认为是20世纪中期最重要的恐龙发现，开启了古生物界对恐龙可能是温血动物的辩论，这一认知的变化被称为“恐龙文艺复兴”。

哪种恐龙最长

地震龙，即哈氏梁龙，一种长颈素食恐龙。科学家根据1985年发现的一副不完整的地震龙骨骼化石推测，它的身长超过40米。

甲龙

披盔戴甲，这是甲龙的标志性装束，也正是它最吸引人的地方。它的颈部和背部覆盖着甲片和脊突，身体两侧是一排坚硬锋利的硬刺，头部也由坚甲护卫。像甲龙这种坦克般的食草类恐龙对肉食恐龙构成了一定的威胁。

哪种恐龙最高

极龙，素食恐龙的一种，体形酷似腕龙，当它伸直长颈抬头时，身躯高达17米。而且，极龙也是最重的恐龙。据古生物学家推测，它的体重可能超过100吨。

到底有多少种恐龙

恐龙的种类大约在900～1200种之间。我们现在已经发现的恐龙的种类，大概只占种类总数的1/4。

哪一种恐龙最聪明

据推测，生活在白垩纪晚期的窄爪龙可能是最聪明的恐龙。这是一种小型肉食恐龙，智商有可能和现在的鸵鸟智商相近，这意味着窄爪龙要比现在的任何爬行动物都要聪明。

雷龙

这种庞大粗壮的动物大约重达80吨，相当于16头大象的重量了。雷龙也叫虚幻龙，它长着很长的脖子和尾巴，体形笨重，虽然伸长脖子可以够到树顶，但是它更喜欢啃食地面的多汁植物。

环节动物

环节动物是高等无脊椎动物的开始。环节动物的身体由许多形态相似的体节构成，全身长有刚毛，这使得运动更加敏捷快速；环节动物的神经组织进一步集中，感觉器官也很发达。身体分节，甚至许多内部器官也是呈节状排列，这对动物的新陈代谢、更好地适应环境起到了重要的作用。

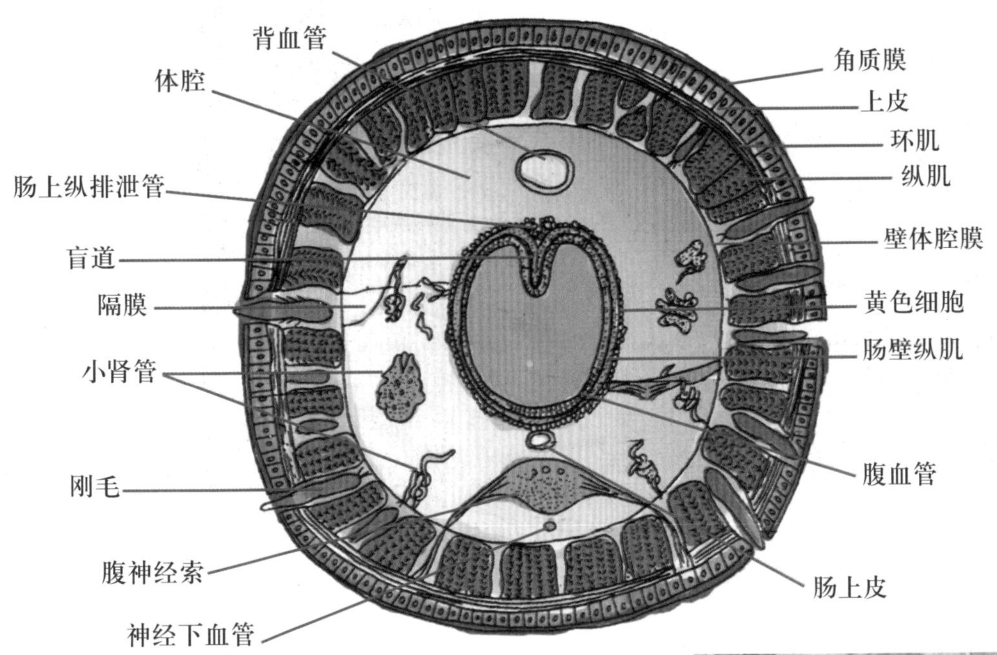

▲ 环毛蚓的横切面

蚯蚓

蚯蚓是一种常见的陆生环节动物，生活在土壤之中，白天藏在地下，晚上出来活动。它主要以土壤里的腐败有机物为食物，有时也吃些植物碎片，进食的时候连同泥土一起吃下。蚯蚓这种在土里活动的习性可以疏松土壤，提高肥力，促进农业生产。

目前世界上发现的蚯蚓近2000多种。

蚯蚓的头并不明显，不仔细看一般看不出来。躯体呈细长的圆柱形，每一节和每一节都很相似。

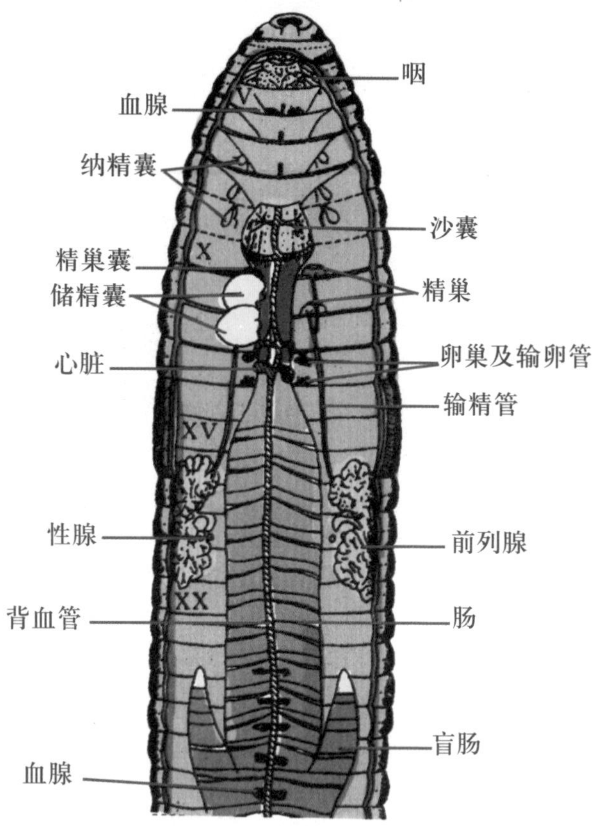

▲ 环毛蚓的解剖背面观

它经常排出透明的体液使身体保持湿润，这样不但有利于在土壤中穿行，而且还有利于蚯蚓的呼吸。

蚯蚓是靠肌肉的收缩和伸放，沿身体的纵轴由前向后逐渐传递运动的。

软体动物

软体动物的身体结构相对于环节动物有了进一步发展，身体机能也更趋完善，在特征上还是和环节动物有相似之处。

软体动物的形态结构变异较大，一般来说，大多数都是身体不分节，柔软润滑，全身可分为头、足和内脏团3个部分，身体的外边还套着一层膜。大部分软体动物的足长在身体侧部，用来爬行和挖沙子；有些种类的足已经退化，逐步丧失了运动功能；还有的进化成了腕，可用来游泳。

▲ 蛞蝓俗称鼻涕虫，昼伏夜出，专吃蔬果叶子，对农作物危害很大

蚌

河蚌是软体动物最普遍的一个种类，壳顶突出，左右两边对称。河蚌长年生活在淡水湖泊、河流、沼泽的水底，把身体的一部分埋在沙泥中，只要把身体后端的进出水管露在外边就可以吞吐水流，同时完成呼吸、摄取食物和排泄。河蚌主要以水中的微小生物和有机质颗粒为食。

圆田螺

这种螺在中国境内分布广泛，属于生活在淡水中的大型螺类。习惯栖息在河流、沼泽、水田等淡水水域。圆田螺壳大、坚硬，壳上的结缝线很深。头部比较发达，有眼和触角，用宽大的肉质足爬行。它的食物主要是藻类和水生植物的叶子。

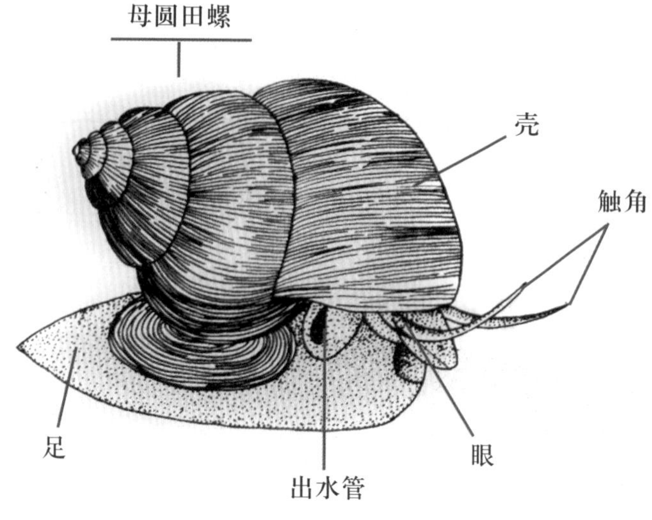

红螺

红螺的壳呈陀螺形，不仅大而且厚，因为外唇内侧是红色的，所以得名红螺。

蜗牛

蜗牛的壳看上去更像是自己的小房子，一般是扁球形的贝壳，脐孔是圆形的。蜗牛一般生活在潮湿的山林中，经常在雨后出来活动。

节肢动物

节肢动物现在存活的种类有110万～120万种左右，它们既有在陆地上生活的，也有在水下栖息的，与我们的生活、农业、经济有着密切的联系。

▲ 三叶虫是节肢动物的远古形态

大部分节肢动物都是在陆地上生活的，它们全身上下都包裹着坚硬的盔甲，一是保护自我，二是尽量防止水分大量蒸发。附肢都很灵活，而且肌肉发达，身体的每个部位都伸缩自如。与前面介绍过的动物相比，节肢动物已经能够用备气管进行呼吸，感官和神经系统都很发达，更加适应陆地的生活环境。

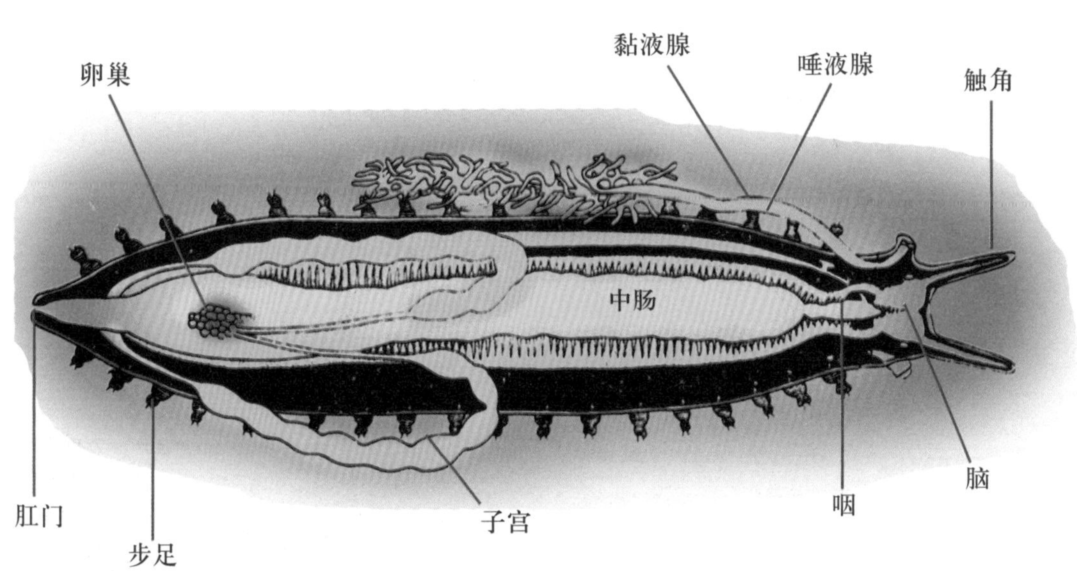

虾

虾属于水中的甲壳类动物，身上被坚硬有节的甲壳包裹着，起到了保护自己，抵御袭击的作用。虾一共长有5对足，后4对是用来游泳的，前1对已经进化为坚硬有力的螯。虾的触角是灵敏的感觉器官。

▶龙虾是世界上最大的一种虾

磷虾

磷虾因为身上闪闪发光而得名。根据研究发现，磷虾的身体内含有大量的微量元素和维生素，并且还有人体所需要的各种氨基酸。1克磷虾所包含的蛋白质相当于20克牛肉的。

对虾

对虾一般在10厘米左右，身体清澈透明，所以也有人称之为明虾，是我国海域的特产虾种。它们会在每年5、6月份成群结队地游向渤海海域去产卵，一般虾仔在11月份左右会游回到水温适中的黄海海域。

蟹

螃蟹大多数时间是生活在水里的，虽然鱼也是生活在水中，但是螃蟹可以时常从水中走出来，爬到陆地上来寻找食物，并且不会因为离开水而死亡。原来螃蟹长着能够储存大量水分的腮，腮片之间有足够的空间贮藏“上路”所需要的水分;而且它也可以呼吸空气，从中吸取足够的氧气，然后从口的两侧排出。螃蟹身披硬甲，横着走路，走起路来立着身子，张着它那两把“大钳子”，威武异常。它的腮像海绵一样，是由松软的腮片组成的，长在身体上面的两侧。

有的时候我们会看到螃蟹在吐白沫，其实并不是螃蟹身体不适，危在旦夕，而是因为它在陆地上呼吸的气体会远远多于它在水中所吸入的，腮片和空气接触的面积相对加大了，这样导致水和空气一起呼出，形成许多气泡堆在嘴边，有时甚至还可以听见气泡涨破的声音。

蜈蚣

蜈蚣主要分布在热带和亚热带，绝大多数喜欢生活在土壤中，它们隐藏在岩石缝隙或是落叶当中，到了晚上再出来觅食。蜈蚣的身体都比较长，呈圆柱形，头扁扁的，两边长着一对单眼。蜈蚣的身体是由体节组成的，不同种类体节的数目也不一样，一共有21对用来走路的步足。蜈蚣的身体呈深绿或是黑褐色，头部接近黄色。它们的感觉器官都不发达，只能靠触角。触角是蜈蚣的嗅觉和触觉器官。

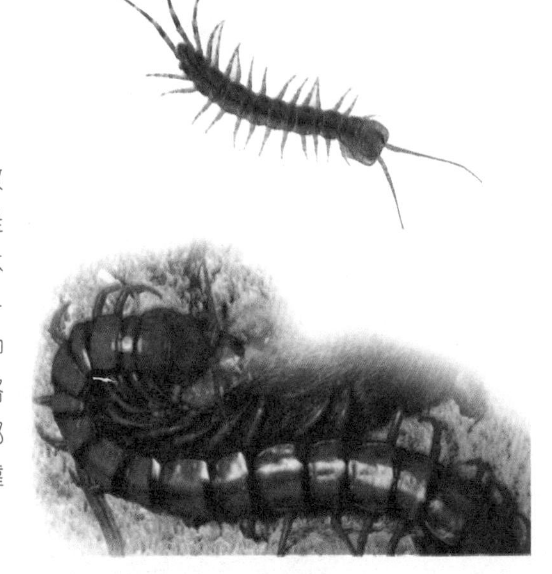

▲ 巨蜈蚣

蜘蛛

蜘蛛有3.5万多种，遍布于全世界，中国已发现的有2000多种。它们大多数都生活在陆地上，喜欢栖息在潮湿的草丛间和树干上，有的种类习惯栖息在自己织的网上，还有藏在洞里的。蜘蛛的身体都很短，而且身体不像其他节肢动物那样分节，身体分为头部和腹部。一般来说，雌蜘蛛要比雄蜘蛛个头儿大一点儿。它的6对附肢长在头的两边，前2对为头肢，后4对为胸肢。

蜘蛛的眼睛

蜘蛛的眼睛与昆虫的复眼不同，蜘蛛的眼睛是单眼，大多数蜘蛛长有8只眼，也有长6只、4只、2只眼的蜘蛛，还有的蜘蛛是瞎子，什么也看不见，只能靠触觉和嗅觉感知周围的变化。

蜘蛛的寿命大概在8个月至两年。

世界各地生活着各种各样的蜘蛛。在南美洲亚马逊河流域有一种毛蜘蛛，它的可怕之处就是能与植物合谋吃人。日轮花的枝叶有着很强的缠性，人一旦触到日轮花就会被死死缠住，这时，成群的毛蜘蛛就会涌上来将人慢慢吃掉。与其相反，在澳大利亚有一种猎人蛛，它专吃蚊子并有高超的捕蚊本领，被人亲切地称为“梦乡卫士”。

蜘丝的网

蛛丝是由蜘蛛体内丝腺的分泌物形成的。当蜘蛛吐丝的时候，丝腺的分泌物通过纺管流出，遇到空气就由液状变成固状的丝。蛛丝虽然很细，但是却相当有韧性，抗拉能力比较强。

捕食猎物

蛛丝网上附着黏性物质，能够粘住撞上来的昆虫。蜘蛛会抓住猎物，射出毒液，使猎物迅速麻痹、死亡。

不是所有蜘蛛都织网

大多数蜘蛛都是夜间活动的，蜘蛛最重要的特性就是织网，所有蜘蛛都产丝，但并不是所有蜘蛛都织网。

栖息网上

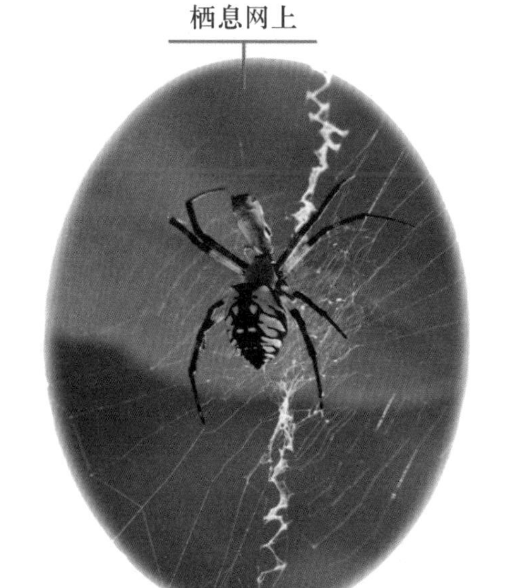

栖息树上

蝎

蝎子的种类大概有600多种，在世界各地都有分布，主要以温带和热带为主。蝎子的头部是和腹部相连的，两部位之间没有明显的相接处。腹部比较长，一般分为12个节，前7节与头部一样宽，后5节变窄，呈圆柱状，末端长有锋利的毒刺。

毒刺中有毒腺，可以分泌毒液，当蝎子遇到攻击或是捕捉猎物的时候，它就会致敌人于死地

蝎子为捕获性肉食动物，在自然条件下以各种节肢动物为食，最爱吃蜘蛛、小蜈蚣、蝗虫的幼虫和蟋蟀。同时，蝎子还喜食没有异味、柔软多汁、蛋白质丰富的食物。

蝎子生来喜欢阴暗的环境，多藏在山坡的石块下面、墙缝中。它们晚上出来捕食昆虫。

昆虫

昆虫属于节肢动物门，是动物界中最大的类群，有记载的昆虫总共有85.4万种，现在地球上存活的有84.4万种左右。

昆虫的身体明显地分为头、胸、腹三部分，其中头部两侧的附肢已经演变成了一对触角、一对大颚、一对小颚以及一片下唇。昆虫都具有比较完善的空气呼吸器，能够很好地适应陆上生活。昆虫的活动中枢部，有3对强壮有力、用来爬行的步足和2对用来飞行的翅。

昆虫分为有翅昆虫和无翅昆虫。

有翅昆虫：体态特征近似多足类动物，身躯小，产卵器长在腹部，它们发育胚胎过程中不产生明显的变态。

无翅昆虫：现在的翅已经是退化剩下的部分了，腹部除了长有生殖器外还有附肢，体内器官比前一种复杂。胚胎发育过程中产生变异，成熟后不再蜕皮。

▼ 多彩甲虫

好斗的蟋蟀

蟋蟀体长1.5～4厘米，全身黑褐色，体形短小粗壮，头呈圆形，表面有光泽，头上长着一对细长的触角。雄蟋蟀善鸣叫，好斗；而雌蟋蟀则静静地不发声。它们生性孤僻，喜欢独自居住在自己的洞穴里，到了交配繁殖期，它们就会亲热地凑在一起。

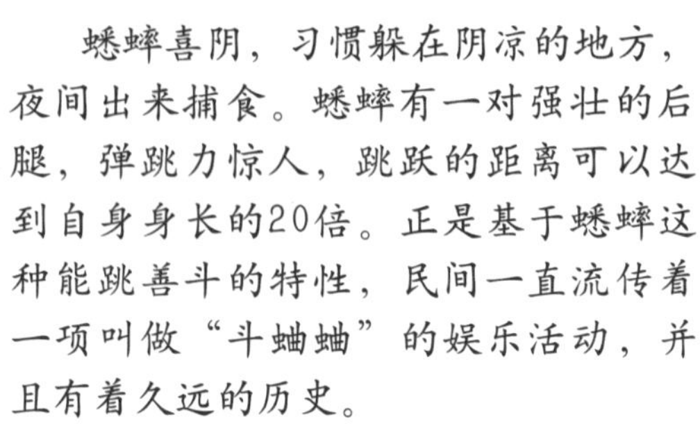

蟋蟀喜阴，习惯躲在阴凉的地方，夜间出来捕食。蟋蟀有一对强壮的后腿，弹跳力惊人，跳跃的距离可以达到自身身长的20倍。正是基于蟋蟀这种能跳善斗的特性，民间一直流传着一项叫做“斗蛐蛐”的娱乐活动，并且有着久远的历史。

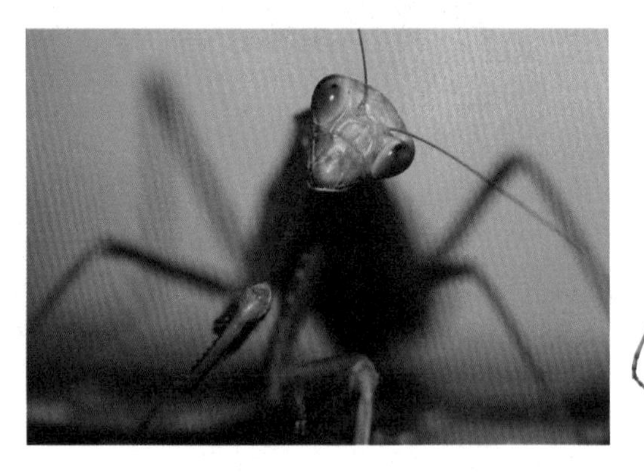

螳螂

螳螂是一种体形较大的昆虫，身材修长，前腿长得更像是手臂，后腿有力发达，整个身子总是向上挺着，前肢像两把大刀举得高高的，上面长着两排锋利的锯齿，是捕捉其他昆虫的有力武器。螳螂的脖子很长，头近似三角形，而且能够向各个方向转动，警惕地环视周围的情况。大多数螳螂的身体是绿色的，和植被的颜色很接近，便于保护自己，不易被发现。有些种类会将自己伪装成花瓣的形状，引诱其他昆虫上钩，然后用“快刀”将其收入囊中。

蝗虫

蝗虫的身体分为头、胸、腹三部分，头比较小，头顶明显向前方突出，上面长着一对丝状的触角。蝗虫一身绿色，在草丛中或是稻田里活动时，这样的保护色可以躲过天敌的注意。身体的两侧长有褐色的纹路，从复眼向后排列，一直到前胸的后缘。

蝗虫主要以植物为食，在咀嚼植物的同时吸收营养，补充水分。因此，天气炎热干旱的月份，它们的食量会大大增加。蝗虫也是农作物的几大害虫之一。

蝗虫分解图

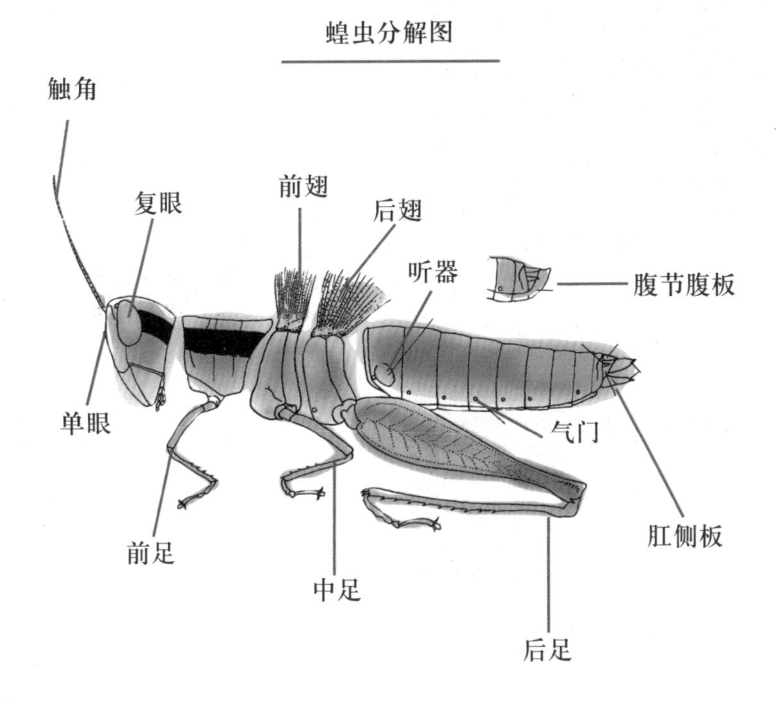

蜻蜓

在众多昆虫中，蜻蜓的个头儿算是比较大的。蜻蜓长着一双大复眼，头部是全身最灵活的部位，能够大角度地快速转动，观察周围情况。

蜻蜓绝对是动物世界中的“飞行高手”，能够长时间地持续飞行。蜻蜓的飞行很敏捷，能够在飞行的同时捕捉猎物。

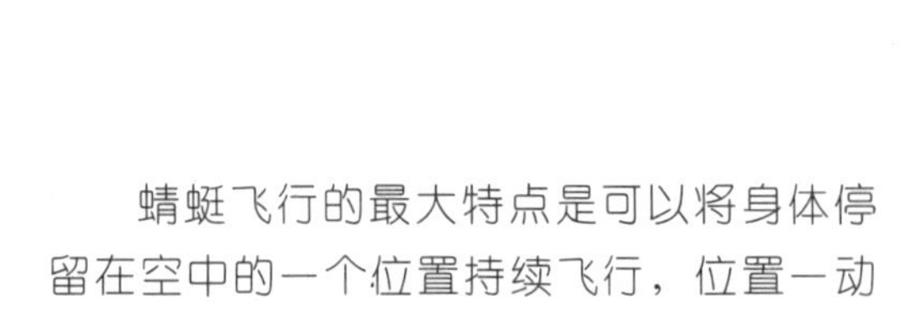

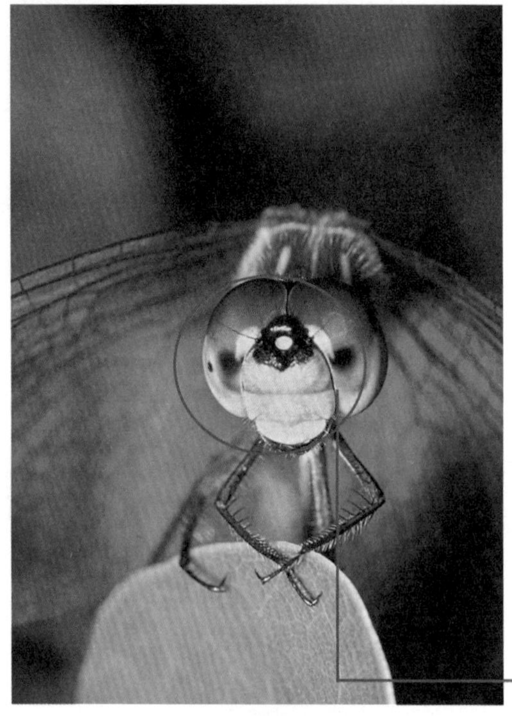

蜻蜓飞行的最大特点是可以将身体停留在空中的一个位置持续飞行，位置一动不动。

后来人们根据蜻蜓的这个特点，制造出了在军事战争中屡建奇功的直升飞机。

蜻蜓的眼睛

蜻蜓有两对不重叠的翅，透明的翅上有网脉。当它落在树干或是草叶上休息时，将翅合拢，竖立在后背上。

蜻蜓的种类

根据蜻蜓的颜色、生活环境等方式分类有：闪蓝丽大蜻蜓、异色灰蜻蜓、异色多纹蜻蜓、黄蜻蜓、白尾灰蜻蜓等。

▲ 异色多纹蜻蜓（雌性）

▲ 异色多纹蜻蜓（雄性）

▲ 白尾灰蜻蜓

蜻蜓的嘴

蜻蜓的前头是短小的触角，它的嘴中长着坚硬的齿，吃食物的时候主要是以咀嚼的方式进食。

◀ 闪蓝丽大蜻蜓

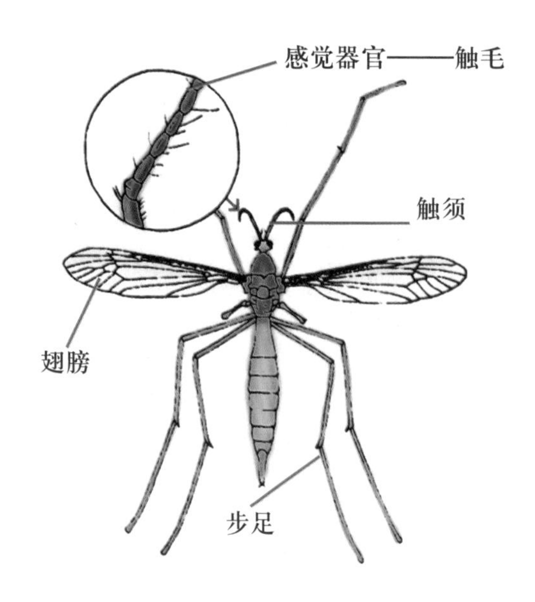

蚊子

蚊子有一对触须，三对步足，上面全都分布着有感官功能的触毛。它长着一根又细又长的刺吸式口器，能够直接插入动物的皮下组织。

蚊子的繁殖

雌蚊子在夏天将卵产在水中，卵的成长很快，两三天就可以孵化成幼虫，需要经过4次蜕皮后才能够变成蛹。蛹还要在水中待上几天才会最终羽化成蚊子。整个成长发育的过程大概要用半个月的时间。

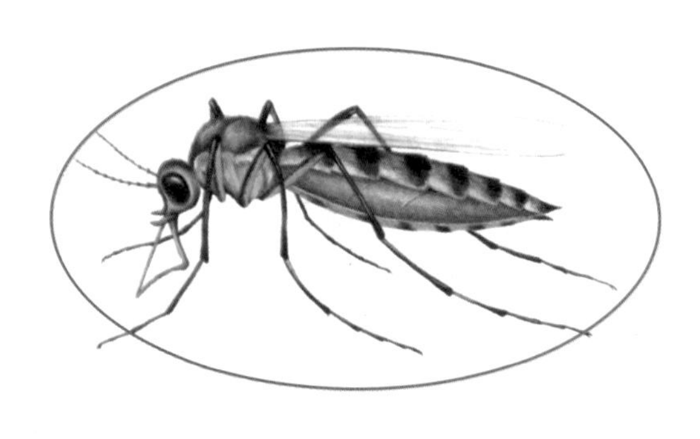

并不是所有的蚊子都叮人

只有雌性蚊子才会吸食人和其他动物的血液，雄性蚊子主要是以绿色植物的液汁为食。尤其当雄性蚊子和雌性蚊子交配之后，雌性蚊子就会完全变成“吸血鬼”，因为它们需要靠吸食新鲜血液滋养卵巢的发育。

蚊子就是这样叮人的

蚊子的触毛上面均匀地分布着细孔，它们就是靠这种器官感知人体呼出的二氧化碳，然后迅速飞近吸血对象。在蚊子准备攻击对象之前，它会将带有抗凝素的唾液通过长针注入到人体皮下，使唾液和血液融合在一起，变成不凝固的血浆。随后它会在吸血的过程中吐出陈血，吸走新鲜的血液。

蚊子喜欢先叮咬那些爱出汗，体温较高的人。这些人之所以受欢迎的原因在于他们散发出的味道含有很多蚊子偏爱的氨基酸和乳酸化合物。

常见三蚊属的比较

伊蚊卵——纺锤形，无浮器，分散，常沉于水底

库蚊卵——长圆形，一端较粗，集成卵块，浮在水面

按蚊卵——船形，两侧有浮器，分散，浮在水面

↓

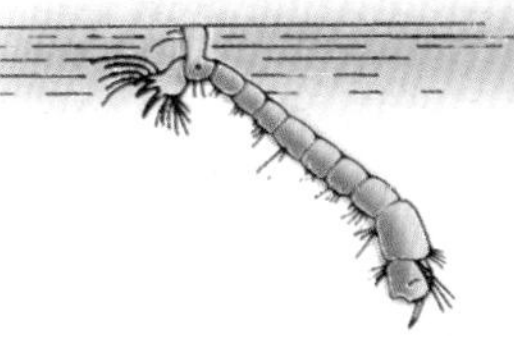

伊蚊幼虫——有呼吸管。静息时身体倾斜向水面

库蚊幼虫——有呼吸管。静息时身体倾斜向水面

按蚊幼虫——无呼吸管。静息时身体长轴与水平面平行

↓

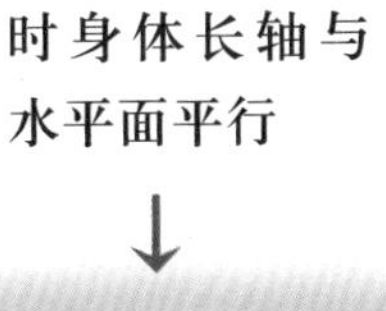
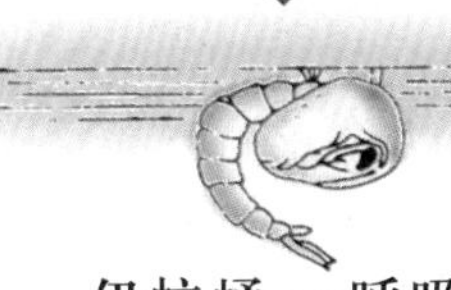

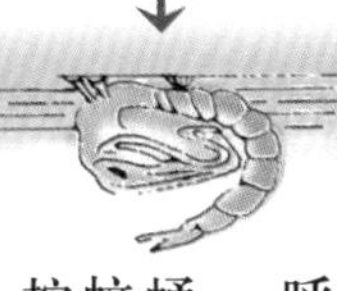

伊蚊蛹——呼吸管短，开口小

库蚊蛹——呼吸管长，开口小

按蚊蛹——呼吸管短，开口大

↓

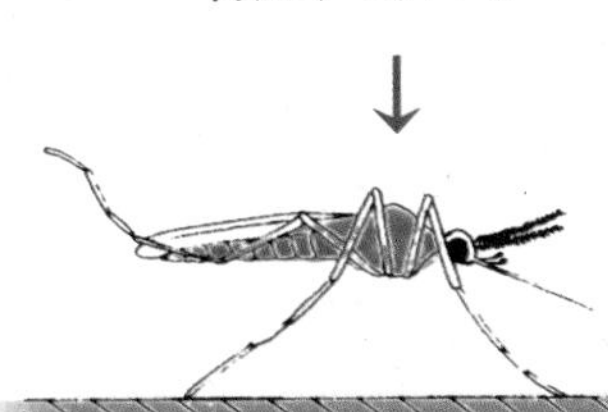
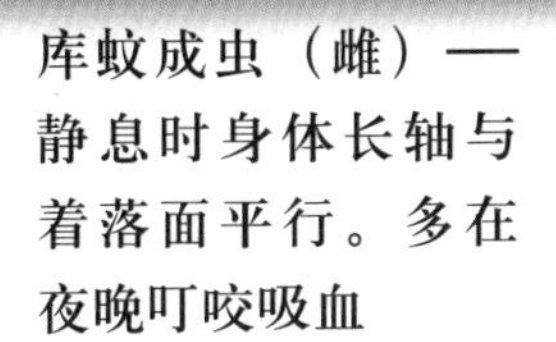

伊蚊成虫——静息时身体长轴与着落面平行。多在白昼叮咬吸血

库蚊成虫（雌）——静息时身体长轴与着落面平行。多在夜晚叮咬吸血

按蚊成虫（雌）——静息时身体长轴与着落面成一度角。多在夜晚叮咬吸血

蝇

苍蝇因为携带、传播大量病菌而臭名昭著。虽然它的个子不大，但一只成年苍蝇身上能携带将近1亿个病菌，它们是传播痢疾、肝炎等传染病的罪魁祸首，因此与老鼠、蚊子、臭虫一起被列为“四害”。

苍蝇生来就喜欢闻臭味，它们习惯在腐烂发臭的东西前飞来飞去，这样就把病菌传播到它们所去过的地方。

苍蝇的头上长着两只圆圆的复眼，它的触角比较小，起到触觉感应器的作用。

识别苍蝇的雌雄

两眼之间距离较远的苍蝇为雌性。

家蝇的繁殖

家蝇一般每年繁殖9～12代。羽化后5天，雌蝇交配产卵，交配后每2～3天产一次卵，一次最多可以产1000多枚卵。雌蝇将卵产在粪便或是垃圾堆上，为白色的长椭圆形。

蜜蜂

蜜蜂喜欢成群结队地生活在一起，一般蜜蜂的蜂群成员在5～8万只。整个蜂群的成员分为三类：蜂王、工蜂和雄蜂，它们各有各的房间，分居在不同蜂室内。

▲ 一个蜂群约有雄蜂100～200只

◀ 工蜂

蜜蜂采集花粉时，用花粉刷将全身细毛上沾满的花粉颗粒刷下来，再将唾液和采得的花蜜混合在一起，粘成一小团，带回巢内，用咽喉分泌的王浆哺育小蜜蜂。

◀ 雄蜂

◀ 蜂王

毒腺
鞘
螫针
刺

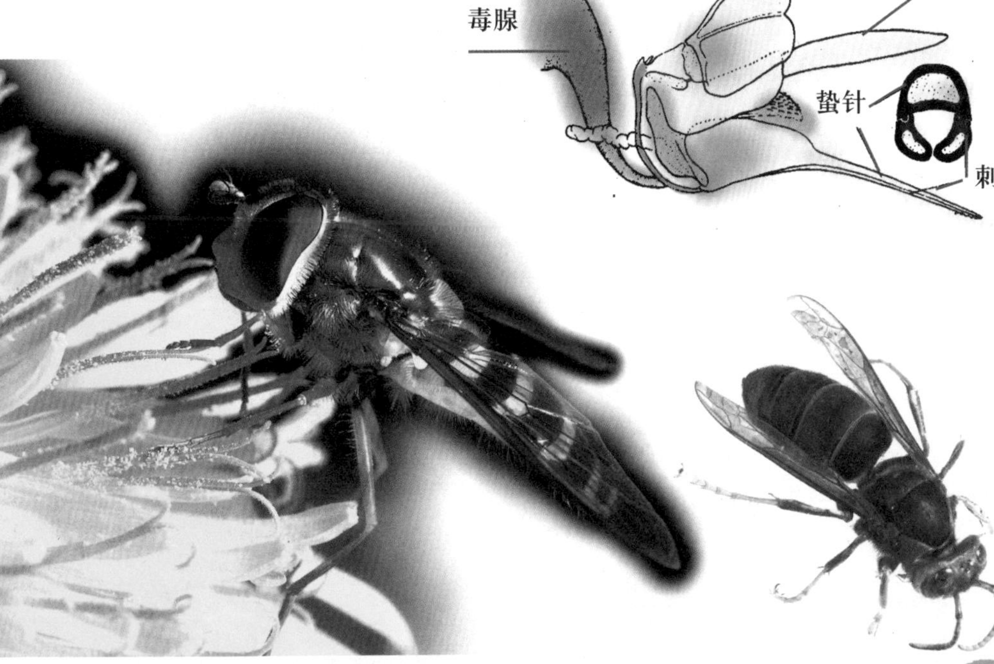

蜜蜂的蜂室

蜜蜂的蜂室呈正六边形，工蜂的蜂室是最小的，其次是雄蜂的蜂室，蜂王的蜂室一般位于巢脾的边缘，成不太规则的囊状，也有人称之为王台。每一个蜂群只有一只蜂王，蜂王体形大，腹部长，不去外面觅食，主要靠其他工蜂喂养。因为它的任务就是产卵，繁殖后代，一年最多可以产20万粒卵。蜂群中数目最大的蜂种就是工蜂了，它们的体型虽小，但却十分强壮，善于飞行，是蜂群觅食、筑巢的主要力量，而且没有生殖能力，寿命也就一两个月。

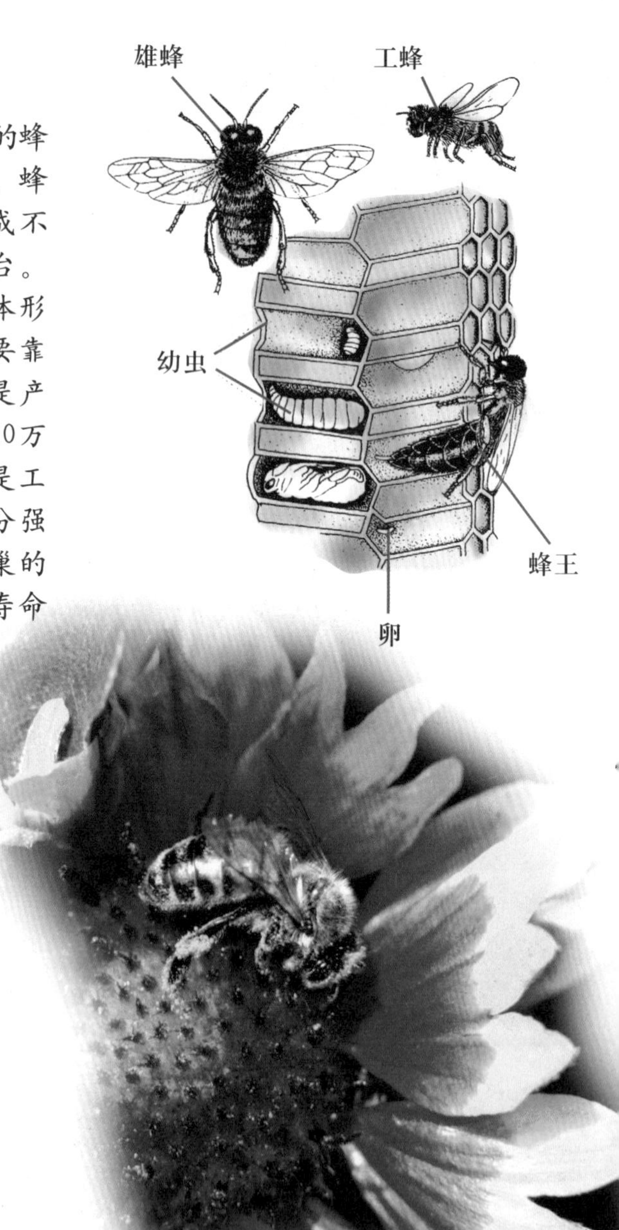

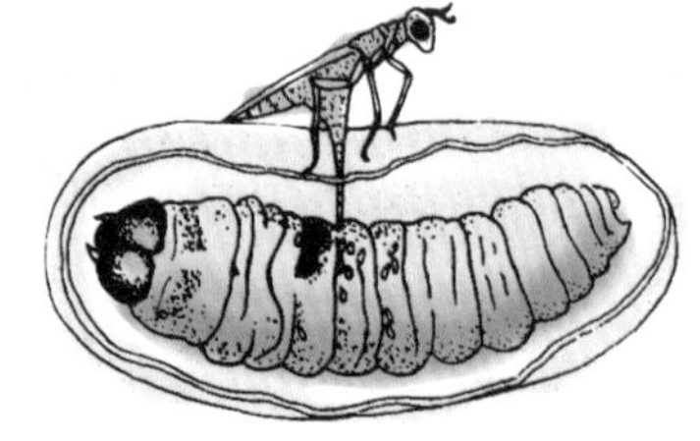

▲ 成虫

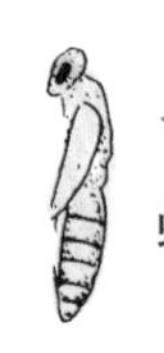

◀ 蛹

▼ 幼虫

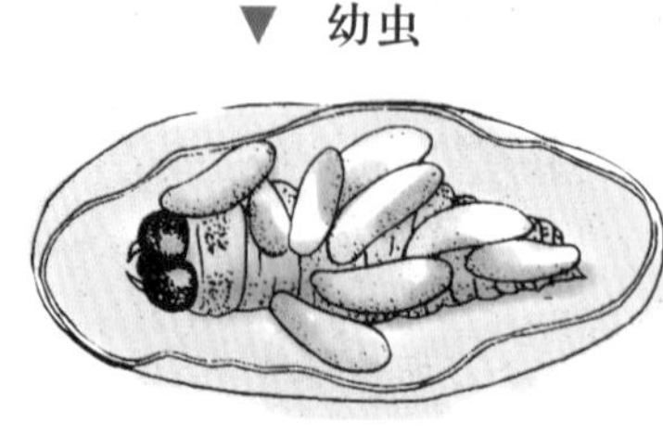

蛾

蛾的种类繁多，翅和触角的形状也不尽相同。蛾和蝶相比，腹部粗大。蛾喜欢夜间和清晨的时候活动觅食。许多农业害虫，如棉红铃虫、黏虫等都是蛾的食物。蛾整个腹部分10个体节，腹足和尾足在变成蛾的时候就已经消失了。

蚕蛾作茧化蛹，幼虫通常叫做茧，刚刚孵化的时候身上长满了黑毛，所以也叫毛蚕。

蚕主要以桑叶为食，随着身体的长大，颜色也逐渐变成青白色，毛也渐渐退去。整个身子呈圆柱形，分为头、胸、腹三部分。头是淡红色的，左右各有6只单眼，头上长有3节短触角，胸部分3节，每一节的两侧都长着单爪式胸足，主要起爬行的作用。

一般来说，雄蛾个头儿比雌蛾小，交配产卵后，雌雄两性都会死亡。

在蚕第四次蜕皮的时候，身上的丝腺会迅速生长，整个过程分为产丝、储丝和吐丝三部分。蚕用一个月的时间吐丝作茧，再经过十几天的时间，幼虫会在丝茧中变成蛹，然后化成蚕蛾，冲破蚕茧飞出。

蝴蝶

蝴蝶主要分为两大类，一种是喜欢白天出没的蝴蝶，头顶上的触须比较光滑，像是一根指挥棒；一种是喜欢夜里活动的蝴蝶，它们身上都长着茸毛，身体看起来也略显强壮。

蝴蝶一共有1.4万种，种类不同，形态各异，不同的种类也有着不同的生活习性。

蝴蝶属于完全变态的卵生动物，它们的成虫并不是直接从卵中钻出来，而要经历一个叫做“变态”的生理过程。

菜粉蝶成长史

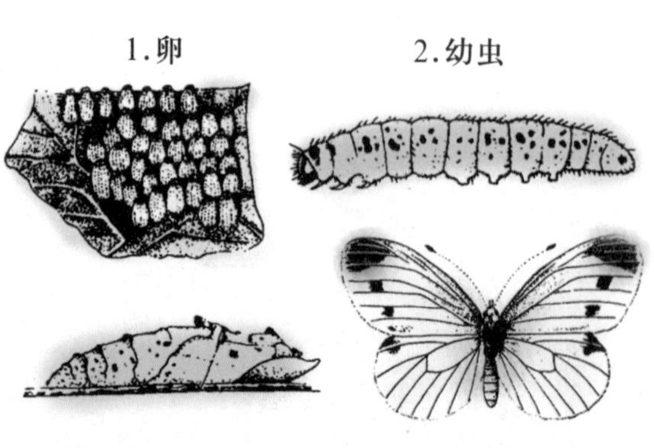

蝴蝶的飞行距离最多可以达到3000多千米。等到气候条件变好，它们又会飞回来。

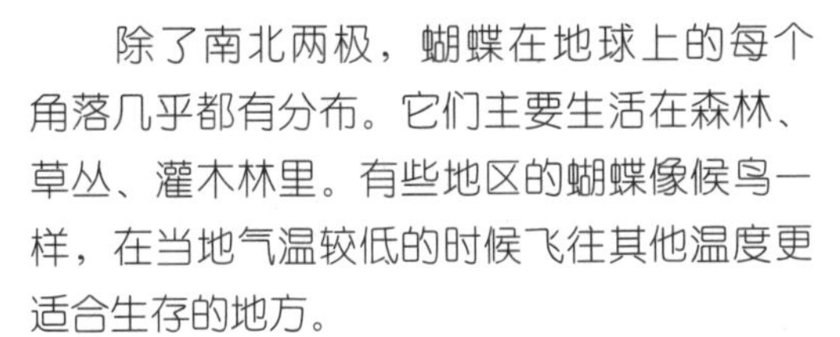

除了南北两极，蝴蝶在地球上的每个角落几乎都有分布。它们主要生活在森林、草丛、灌木林里。有些地区的蝴蝶像候鸟一样，在当地气温较低的时候飞往其他温度更适合生存的地方。

交配的季节，那些白天出没的蝴蝶会用它那五颜六色的翅吸引对方，而晚上活动的蝴蝶则是靠辨别气味寻找伴侣的（雄蝶毛绒的触须能够散发出独特的香气）。

蝴蝶一次能够产卵几百至几千枚不等，卵经过一段时间的发育会变成幼虫，再经过一段时间幼虫会发育成毛虫。一般来说，蝴蝶的幼虫都是危害植被的害虫。幼虫在成长过程中需要通过4～5次蜕皮，蜕掉身上的旧皮，长出新皮，才能够使身体长大，然后就进入了蛹期。蛹的表面是有通气孔的，蛹在即将变成成虫之前，已经具备了成虫的基本特征，有触须、羽翼等。等到发育完全了，从茧中钻出来的就是色彩斑斓的蝴蝶了。

神秘的海洋世界

人们一直对蔚蓝色的大海和海洋中的生物怀有很强的好奇心，科学家们研究发现，海洋中的生物分布主要是根据海洋的深度、水温和食物分布的条件变化而变化的。

生活在不同海洋深度的海洋生物，都会有适应自己生活环境的生理特征。

例如：在深海漆黑的环境中，有些鱼类能够发光，但是这光和太阳光还是有区别。这种鱼类自身发出的光在科学上叫做冷光，因为它不带有热量，所以也只能起到照亮的作用。

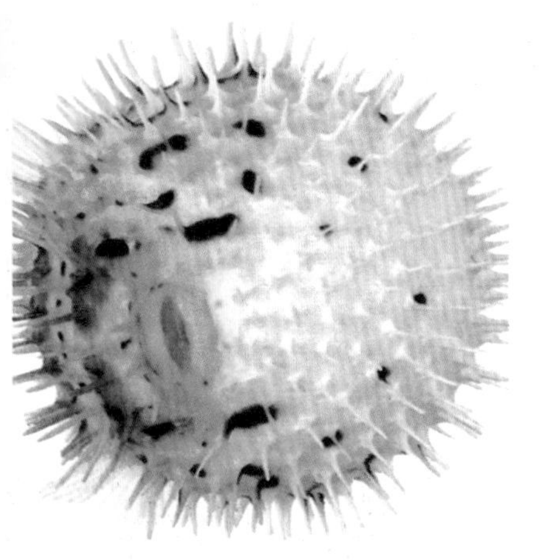

◀ 将身体膨胀是刺豚独特的自我保护方式

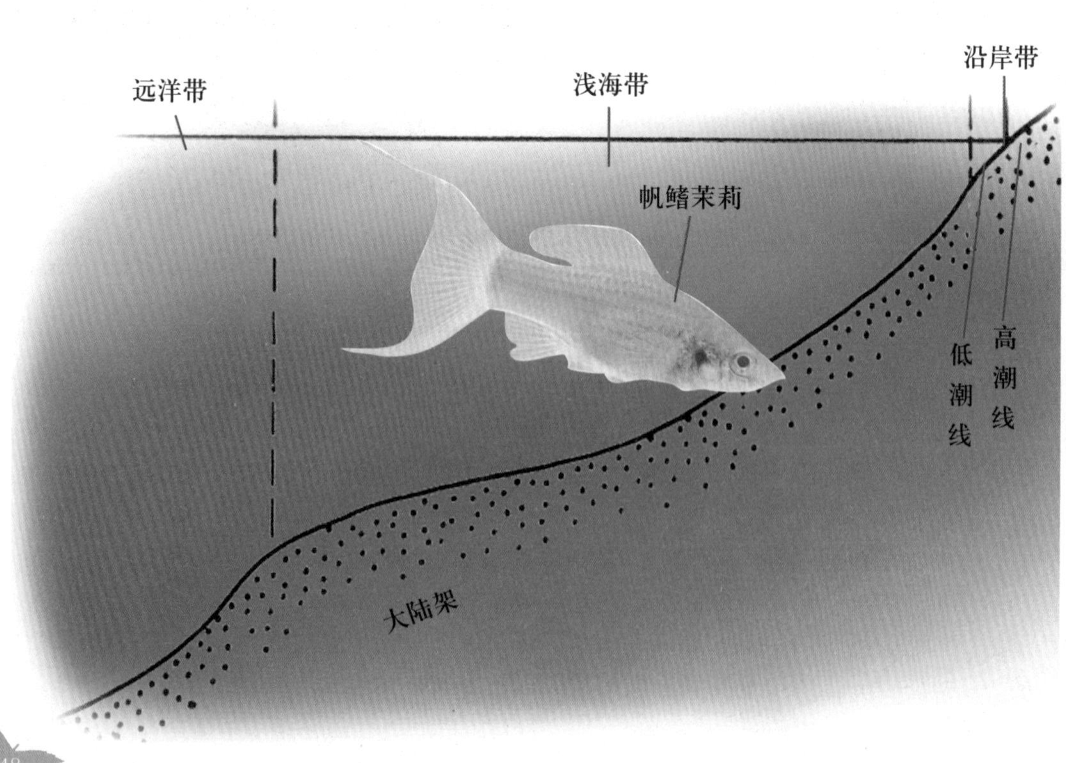

海洋的深度和温度对海洋生物的体态和身体颜色等都有直接的影响。它们都会根据自身的生理特点和习性找到适合自己的生活区域，而且在同一海域条件下的海洋生物总会有一些相似的生理特征。

从前，人们一直以为海底深处条件恶劣：没有光，气压高，氧气稀薄，食物来源少，不太可能还会有生物存在。但是经过多次试验性地潜入深海勘察，发现原来那里并不像我们想象的是一个“生命的禁区”，那里还生活着很多种类的鱼和其他海洋生物。

翩翩起舞的水母

水母是腔肠动物，由胶体物质组成，这些物质在大多数情况下都呈透明状。水母的形态各式各样，大小也有差异。有些种类的水母大小和锅盖差不多，整个身体形状就像是一把张开的大伞，触角从伞的周围伸出，犹如披着长发在水中翩翩起舞。

水母就是靠打开或关闭“钟”型装置来控制自身上浮或下沉的。

水母平常能够随着海流四处飘荡，但它自身并不是不能够行动，它可以靠身体的伸缩向前运动。大多数水母习惯在浅海海域生活，在这里它能找到喜欢的食物，如小鱼、小虾。有的种类的水母可以分泌一种有毒物质，能够使被袭击者迅速产生强烈的疼痛感，甚至可以致它于死地。

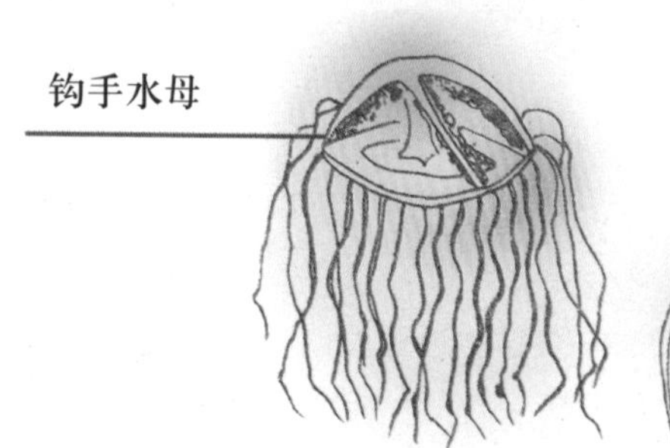

人们通常根据水母外形的不同而分类，比如发银光的水母叫银水母，像和尚帽子的水母叫僧帽水母，像船上的白帆的水母叫帆水母等。

水母也有雄性和雌性之分，雌性水母将卵细胞产在水中，然后雄性水母把精子释放到水中的卵细胞上，这样经过受精的卵就会发育成幼体，也叫浮浪幼体。

海月水母生活周期

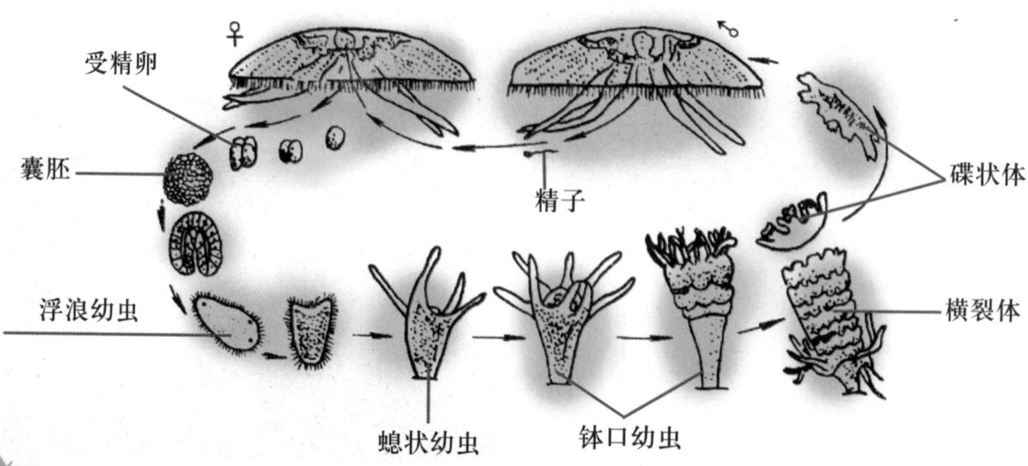

珊瑚

人们一直把珊瑚当作植物，因为珊瑚自身是不运动的，它身体的每个部位也是不会动的。其实珊瑚虫是海洋中的一种腔肠动物。

微型海藻与珊瑚礁的生存有着密切的关系。

它们都生活在温暖、干净的浅水中，尤其是在太平洋或印度洋水深大约50米的地方。其余类群，例如色彩艳丽的海扇，是由类似角质的物质形成的骨架，不像石灰质骨架那样坚硬有质感。珊瑚有很多种生殖方式，有的种类产生出芽体，与母体分离后可以发育成新的珊瑚虫；还有的种类通过受精卵的方式进行生殖，由受精卵发育成能够游动的幼体，然后经过变态发育，就可以变成珊瑚虫了。

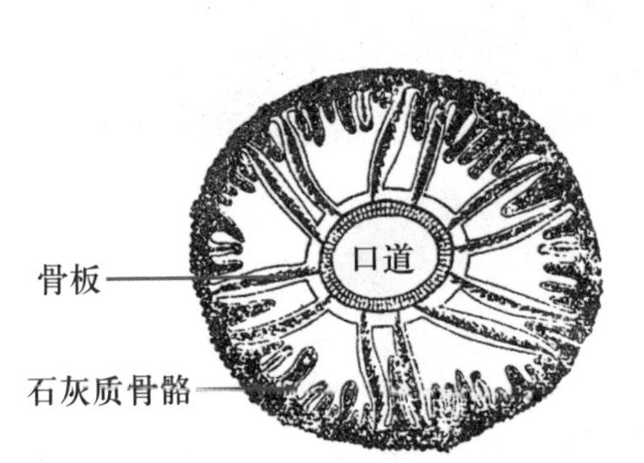

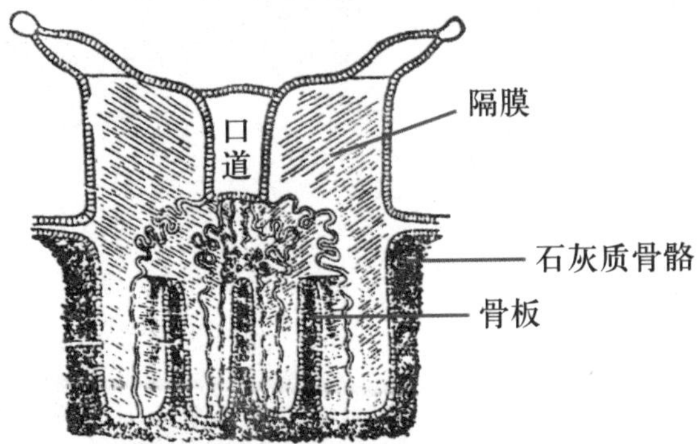

石珊瑚骨骼形成的构造

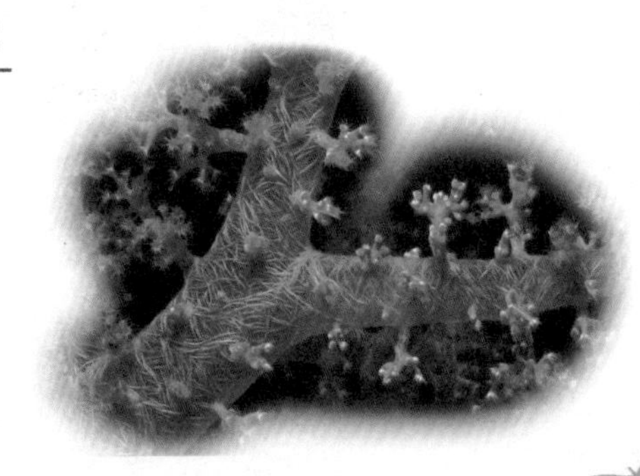

珊瑚虫喜欢聚集在一起生活，个别种类如石珊瑚，甚至用它们的骨架逐渐堆积形成巨大的结构，这就是我们所指的珊瑚礁，澳大利亚著名的“大堡礁”就是这样的珊瑚群。

贝

贝类动物虽然身上有坚硬的贝壳，但是它却属于软体动物。

贝类动物的硬壳会随着身体的生长而长大，所以我们不用担心它们越长越大，将来有一天它们身上的壳会容不下自己。

漂浮在水中的浮游物是贝类动物的主要食物。这些食物经过消化之后，一部分会成为营养被吸收；另有一部分会转化成造壳的原料。

贝 ▶

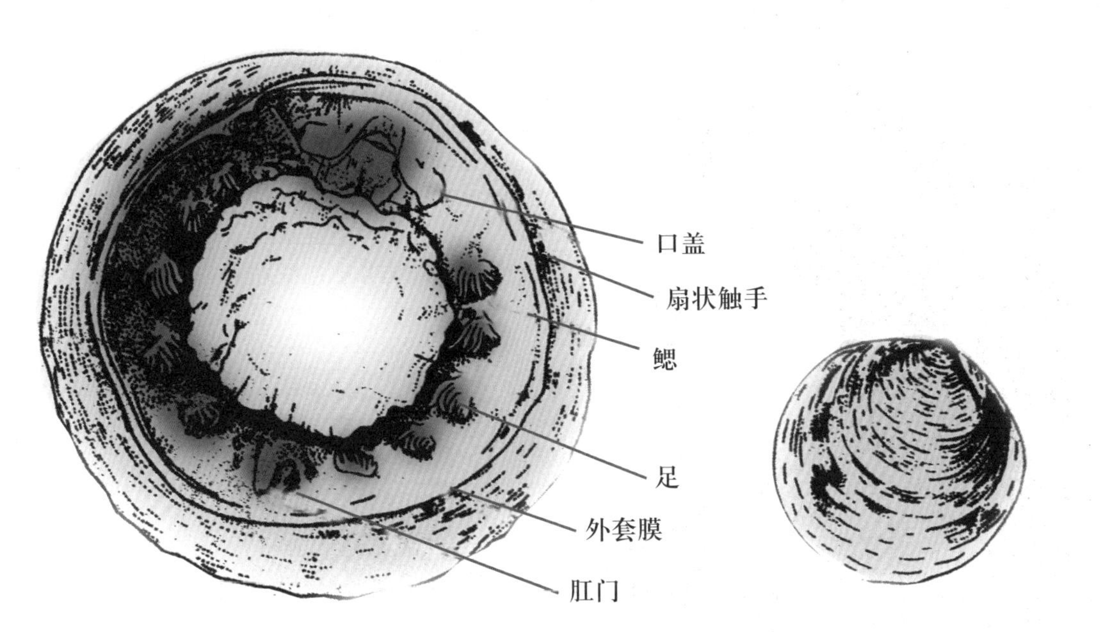

常见的贝壳分为两种：一种是只有一个壳的单贝壳，另一种是有两个壳的双叶贝。对于遮掩的软体动物来说，它们并没有什么攻击手段，如果有其他动物袭击它们的时候，它们就会蜷缩在自己的贝壳中，免遭伤害。

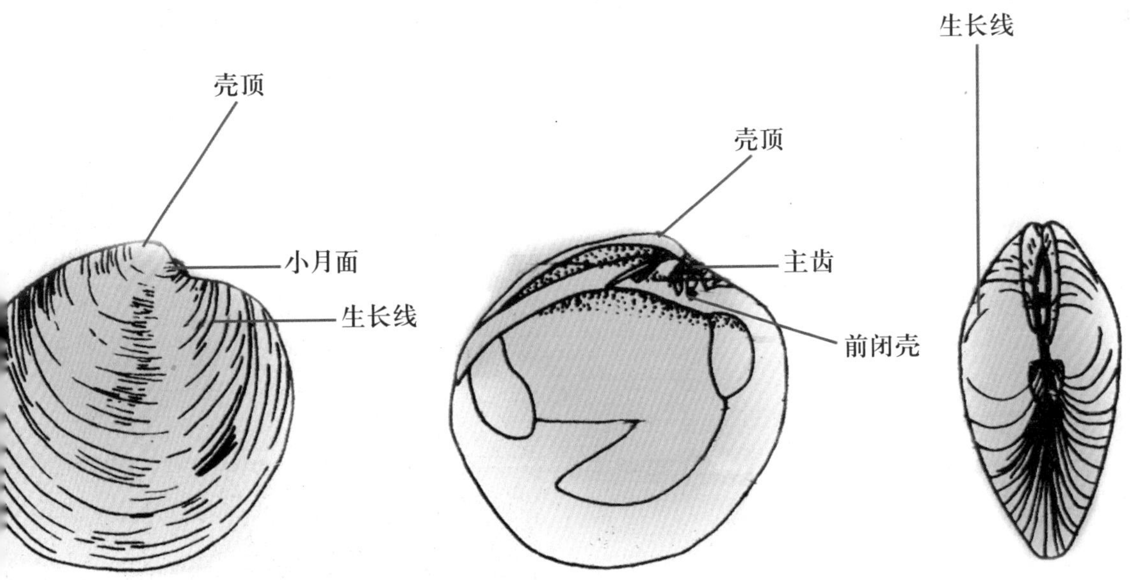

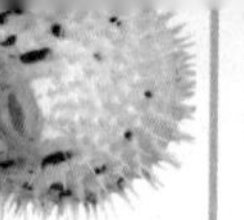

海马

海马是鱼纲刺鱼目海龙科暖海生数种小型鱼类的统称，外形很奇特，头和马头很相似，眼睛和变色龙一样，不但突出而且可以大角度地转动，观察周围的情况。海马的身体上面披着坚硬的甲，头和躯干几乎成90度的直角。海马在水中前进的时候总是挺着胸，直立着身体向前移动，弯曲自如的尾巴是它动力的来源。

海马 ▶

爸爸生小海马

在海马进行交配之后，雌海马将卵产在雄海马尾巴下边的袋子中。原来海马的怀孕和生育都是由雄海马独自完成，这是动物界一个极为有趣的现象。在雄海马的精心呵护下，胚胎会在袋子里面发育成小海马。等到小海马完全发育成熟了，它就会被成年雄海马从它的袋子里挤出去，脱离雄海马的照顾，独立生活。

海蛇

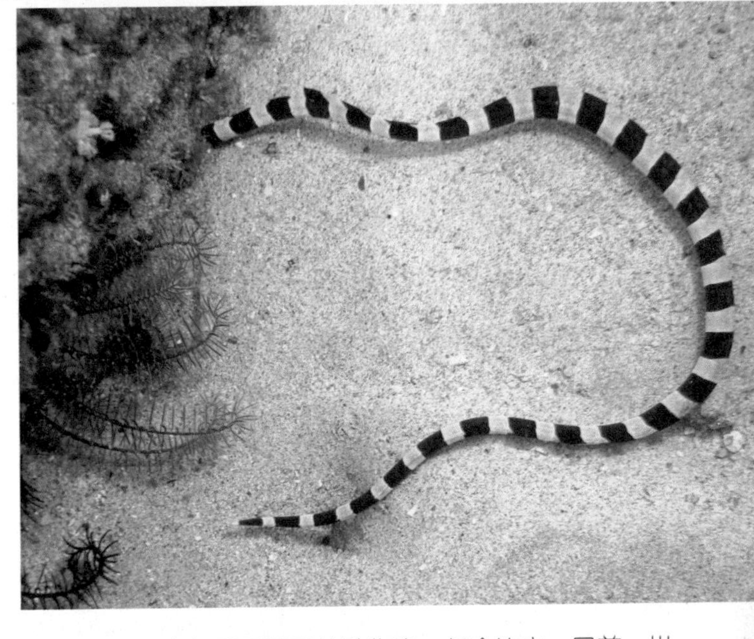

海蛇是一种生活在海洋里的爬行动物，除大西洋外，在其他暖水性海洋里都能见到它们的身影。海蛇长1.5～2米，身体细长，躯干略呈圆筒形，躯干后部侧扁。背部深灰色，腹部呈黄色或橄榄色。全身有55～80个黑色环带。

海蛇是蛇目眼镜蛇科的一个亚科，和陆地上的其他眼镜蛇亚科一样，也能分泌毒液。但是，海蛇的毒液却属于最强的动物毒。打个比方，目前，世界上毒性最强的陆栖蛇种是细鳞太攀蛇，它的毒液是眼镜王蛇的20倍，一次排出的毒液就能毒死20万只小白鼠。而海蛇的毒性跟细鳞太攀蛇的差不多，它们并列为世界上最毒的毒蛇。

海蛇是一种喜欢集群行动的动物，往往成千上万条聚在一起游动。尤其在繁殖季节来临的时候，有时候会有几百万条海蛇聚集在海面上，场景蔚为壮观。

鳐鱼

鳐鱼属于软骨鱼类，据动物学家研究，它是鲨鱼的近亲。鳐鱼的身体扁而宽，身后长着一条长尾巴，在水中游动的时候就像是一面旗帜。

全世界约有400多种鳐鱼，并且分布广泛。它们主要生活在温带、热带海域，也有少部分种类生活在江河湖泊里。即使是在3000多米深的海底，也能看到鳐鱼的身影。绝大多数鳐鱼都具有放电的功能，其中放电器官位于尾部的鳐鱼能够产生较弱的电流；放电器官位于胸鳍基部的巨鳐，最高放电量可达220伏。

鳐鱼的放电器官由高效能的放电细胞构成，这些细胞构成了若干个电极板。一旦它受到刺激或是攻击，鳐鱼的大脑就会接收到大量的神经信号，通过神经传导组织的传递，放电细胞产生生物电能，于是立即开始放电。

游泳高手——旗鱼

在海洋中，旗鱼属于大型鱼类，身长一般可以达到2～3米，上颚向前突出，细长而尖。全身长有灰白色斑点，它的背鳍直接从头后一直延伸到尾部，第一片背鳍长得高而且长，像是一扇大屏风，威武异常。旗鱼游泳的时候，笔直细长的上颚就好比一把利剑，能够将迎面而来的水流分成两部分从身体两侧穿过。这时，为了减少阻力，高扬的背鳍也会放下。旗鱼身体的肌肉结构很完善，力量也很大，利用尾鳍的迅速摆动产生向前的强大推动力。旗鱼在海洋中也算是一霸，生性凶猛的它经常利用“长剑”捕杀其他鱼类。

旗鱼在短距离的游泳速度可以达到100千米/小时以上，平均速度也能达到90千米/小时。

这样高的速度，在海洋中可以追到它想追的猎物。而且，当它遭到不测时，也可以借此脱离险境。

乌贼

乌贼属于软体动物，不属于鱼类，只是人们习惯叫它墨斗鱼罢了。

它头部下面长着一个形状像漏斗的锥形器官，向后喷射出高速的水流，然后利用水流产生的反作用力向前运动。软体动物都没有很发达的肌肉，所以它们不能够进行长距离的运动。乌贼主要以小鱼、小虾为食。当南风吹起的时候，乌贼会成群地从海洋深处洄游到近海的礁石和沙滩上来繁殖后代，当地渔民将这一现象称作“墨斗汛”。

乌贼的墨囊

虽然乌贼自身没有什么攻击敌人的能力，但是它拥有一种逃避敌人的妙方。当它们遇到其他凶猛的鱼类时，就会从墨囊中喷射出一股毒墨出来。墨汁浓黑并且具有麻醉作用，会迅速地将周围的海水染黑，从而挡住敌人的视线，乌贼会趁机迅速地逃向安全地带。

章鱼

章鱼属于海洋中的软体动物，归为头足类，因为它们的脚都是长在头上的。章鱼的头比较大，圆乎乎的。上面长着8只软足，每只软足上都长着具有强大吸附能力的吸盘，它能够牢牢地粘在它想粘住的地方上。

章鱼喜欢钻罐子

章鱼总是喜欢在水下找些可以藏身居住的奇异场所，而在这些场所中，最受欢迎的就是被遗弃在海底的瓶瓶罐罐。它们习惯将自己退到这些器皿里，将这里当成自己的寄居地。这也堪称是躲避其他海洋生物攻击的一大绝技。

章鱼的大脑

经科学家研究，章鱼在无脊椎动物中拥有最聪明的大脑，它对信息的记忆和辨认能力相当出众。一个是通过体表的触觉刺激获取信息；另一个是通过视觉的刺激获得。它在获得信息的同时，有一定时期的记忆能力。

力气十足的“八爪鱼”

章鱼的8只腕手上面总共分布着2000多个吸盘，而每一个吸盘都可以吸附起50～100克的重物。它们能够托起比自身重量重十几倍的物体。

鲨鱼

全世界的鲨鱼种类有300多种，海域中人们经常可以见到的大概有40多种，它们一般在海洋的中上层活动。它们当中有20多种食肉类鲨会主动地攻击人类，包括大白鲨、大青鲨、双髻鲨等。

鲨鱼是个“近视眼”，但是其他的器官都是相当敏锐的。

鲨鱼的牙齿

鲨鱼的牙齿是三角形的，从内到外分好几层排列，它们就像是切割机中的一排排锯齿，在咬住猎物的时候上下颚前后迅速移动，用牙齿切断猎物，然后磨成可以吞食的块状。

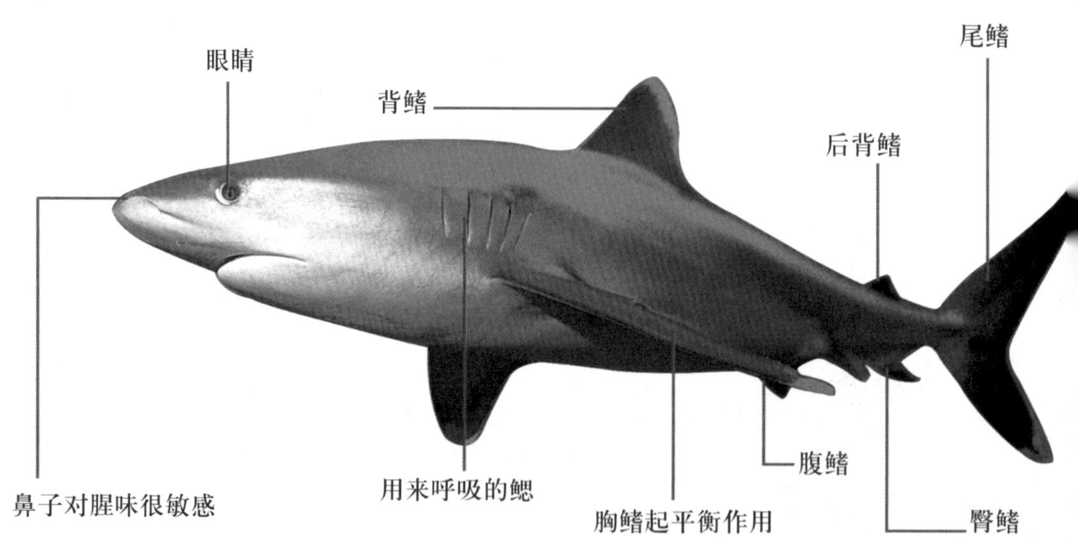

最大的鲨鱼

在鲨鱼家族中，身体最庞大的要数鲸鲨了。虽然身体有十几米长，但是鲸鲨生来温文尔雅，看上去并不凶猛，而且属于滤食动物，浮游生物才是它的主要食物。

鲨鱼的身体表面长着带齿的盾形鳞片，上面的齿坚硬锋利。鲨鱼的面部神经相当发达，能够根据其他水下鱼类发出的电磁波判断它们的方位和距离，采取相应的行动以获取猎物。

鲨鱼的“巡洋舰”——向导鱼

虽然鲨鱼号称“海中之王”，令所有海洋中的鱼敬而远之，但是有一种叫做向导鱼的鱼类却形影不离地跟在鲨鱼的身边。它们身体小，灵活敏捷，腹部为白色，身体两侧有黑色的纹路。鲨鱼不但不会吃它们，而且还会在它们受到威胁的时候，让它们藏在自己的大嘴里避难。当然，向导鱼也会报答鲨鱼的恩情，经常帮助鲨鱼清洁皮肤。

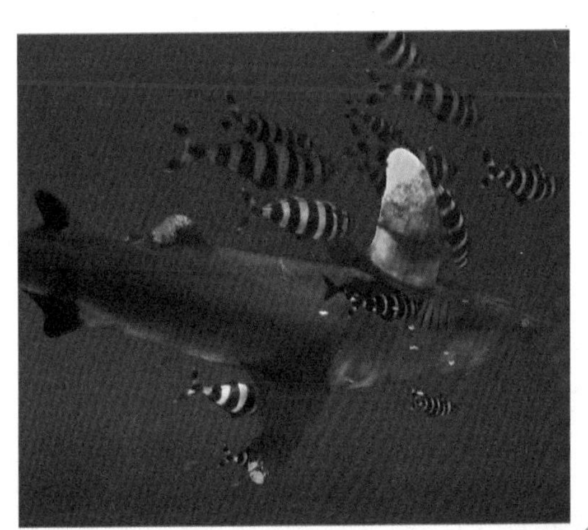

鲸

也许是因为鲸生活在海洋中，所以在我们周围总有人喜欢把鲸叫做鲸鱼。其实鲸属哺乳动物，它们并不是鱼。虽然它们在体型和结构上发生了很大的变化，但是依然保存着很多明显的哺乳动物的身体特征。

鲸是一种水栖兽，它们的体毛已经退化，皮肤腺体也已经消失。前肢进化成了滑水的鳍，后肢已经消失。它们的鼻孔是长在头顶的，鼻孔的边缘生有膜状物，当水将要从鼻孔进入身体的时候，它会自动关闭。等到浮出水面呼气的时候，气膜又会打开，喷出去的水呈柱状直射天空，声响巨大。

鲸的身长一般都在12米以上，它们之所以能够长得很大，主要有两个原因：

1. 海水能够支撑住它们庞大笨重的身躯。
2. 海洋中有充足的食物。

海洋中的小动物以海水中大量的浮游生物为食，数目繁多的小动物又为鲸这样的庞然大物提供了充足的食物。

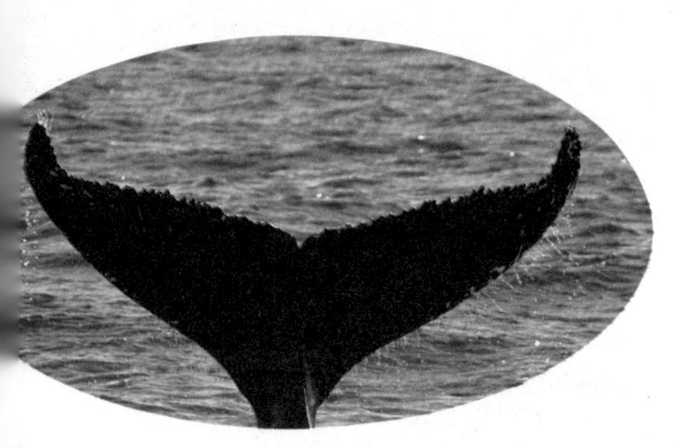

▼ 鲸是体型最为庞大的哺乳动物，它在水中翻滚运动产生的巨大力量，可以掀起几十米高的浪花

鲸的肺具有很强的弹性，能够贮存大量的氧气，以支撑在水下长时间的游动，一般可以保证将近1小时出水一次进行呼吸交换。它们嘴中牙齿的形状很特别，大多数都是尖锥形的。

海洋中的精灵——海豚

海豚是很通人性的一种海洋哺乳动物，它们长年生活在海洋中。海豚的种类很多，体型也有很大差别，小一点儿的也就1米长，最大的能有10米左右，几乎和鲸差不多了。

海豚口内长着整齐有力的牙齿，小鱼和乌贼是它们最喜欢的食物。海豚身体两侧的鳍和有力的尾鳍能够大面积地接触水流，使它们在水中以极快的速度游动。

擅长表演的海豚

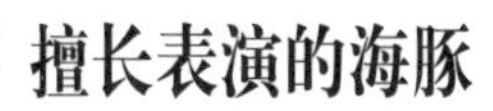

海豚身体灵活，反应机敏，有些种类喜欢在人们的船边游来游去。经过人工训练的海豚更是了不得，它们擅长杂技，可以在水下游泳的时候突然蹿出水面，身体呈拱形跃起腾空三四米，叫人惊叹不已。

海豚喜欢集体生活，而且它们经常在不同的群落中穿行，在一些海域，有时可以看到几十只甚至几百只海豚集体行动。

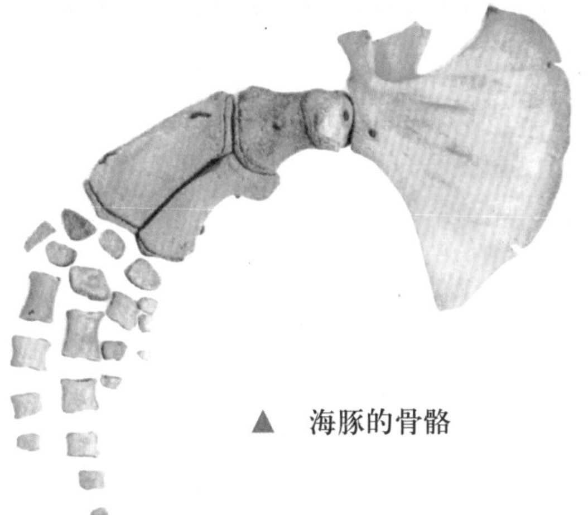

▲ 海豚的骨骼

海象

海象属于鳍脚类动物，主要生活在北极沿海的浅水水域。海象个头儿很大，移动起来笨重缓慢。上颚向下方有一对又长又硬的门牙露在外面，最长能有1米。成年雄海象体重能够达到1.5吨，身长可以达到3～4米。它们的胃口相当大，一次进食最多可以吃下50千克食物。

▲ 海象是群居动物，有领头海象，它们的寿命可达40年

海象每到交配期间都会有一场你死我活的战争。雄海象会争夺一片自己的领地，这样才会拥有更多的雌海象陪伴在身边。它们的大牙就是最有威力的武器，它们会甩动强有力的脖子，用牙齿攻击前来挑衅的对手。每年春季，雌海象会集体爬到海滩上繁衍后代，海象一胎只生1仔。

海豹

海豹属于鳍脚类动物，主要生活在大西洋和太平洋。虽然它在陆地上显得笨重不堪，但是只要一进入水中，它就灵活自如了。海豹身体呈棒槌形，圆头圆脑，全身上下长满了黄褐色的短毛，有星星点点的黑斑。

鼻孔和耳孔都长有能够自由活动的瓣膜，当它潜入水中的时候就会自动关闭，防止水流流入。海豹的后肢只能朝后摆，不能够伸向前方，它是行动、划水的主要动力推进器。海豹主要生活在水中，只有休息和繁殖后代的时候才会爬上岸边，它们主要以鱼和贝类为食。

海豹其实是个“近视眼”，一般只能看到200米以内的范围，所以它们为了更好地保护自己，在睡觉的时候会很频繁地张开眼睛四处巡视，以防不测。

穿着燕尾服的企鹅

企鹅生来不会飞，它们大多生活在南极的寒冷海边。虽然它们在陆地上走起路来一摇一摆很笨拙，但是水中的企鹅可是行动敏捷、动作优美。企鹅身体扁平，腹部为白色，上面长有毛，背部为黑色和灰色，下面为白色，远远看去就像是身穿燕尾服的绅士。

企鹅喜欢集体生活，不但有利于相互保护，而且在遇到风暴的时候可以聚集在一起抵抗暂时的严寒。它们在寒冷的冬季繁衍后代，每到繁殖期，数千只企鹅就会集体去产卵地繁殖下一代，然后日夜兼程赶回栖息的地方。

属于鸟类的企鹅生来不会飞，它们的飞行本领已经随着生存环境而退化了。当它们遇到危险时会立即趴到冰面上，用鳍脚和后足以30千米/小时的速度飞跑，企鹅在水中的游泳速度也可以达到40千米/小时。

企鹅不怕冷

企鹅的羽毛短而厚，一般要长好几层。在换毛季节会大片大片地脱落，整个换毛过程要经过大概半个月的时间。厚厚的羽毛下面还有一层很厚的脂肪。企鹅体内独特的循环系统能够使热量贮存在血管当中，不会很快从皮肤中散发出去。企鹅即使站在零下40～60℃的冰层上也不会冻僵。

两栖动物

两栖动物的出现经历了一个漫长的进化过程，它们是3亿年前就生活在大陆上的一种脊椎动物，它们的个体都经历了从幼体水生到成体水陆两栖生活的进化演变，逐渐长出了适应陆地呼吸的肺。

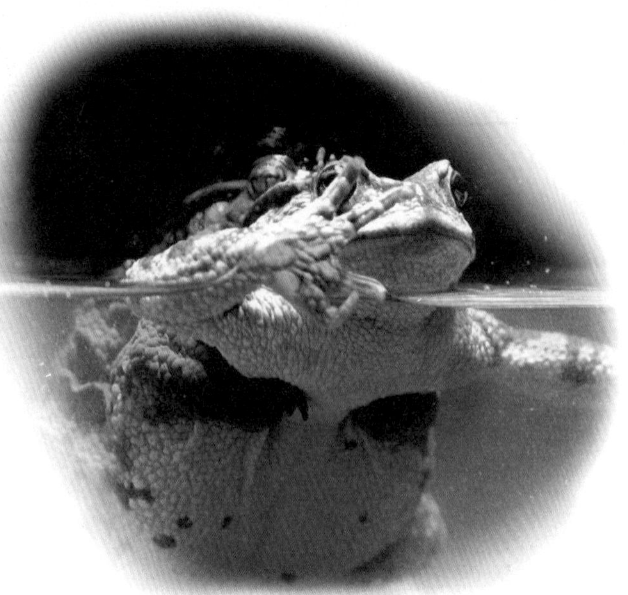

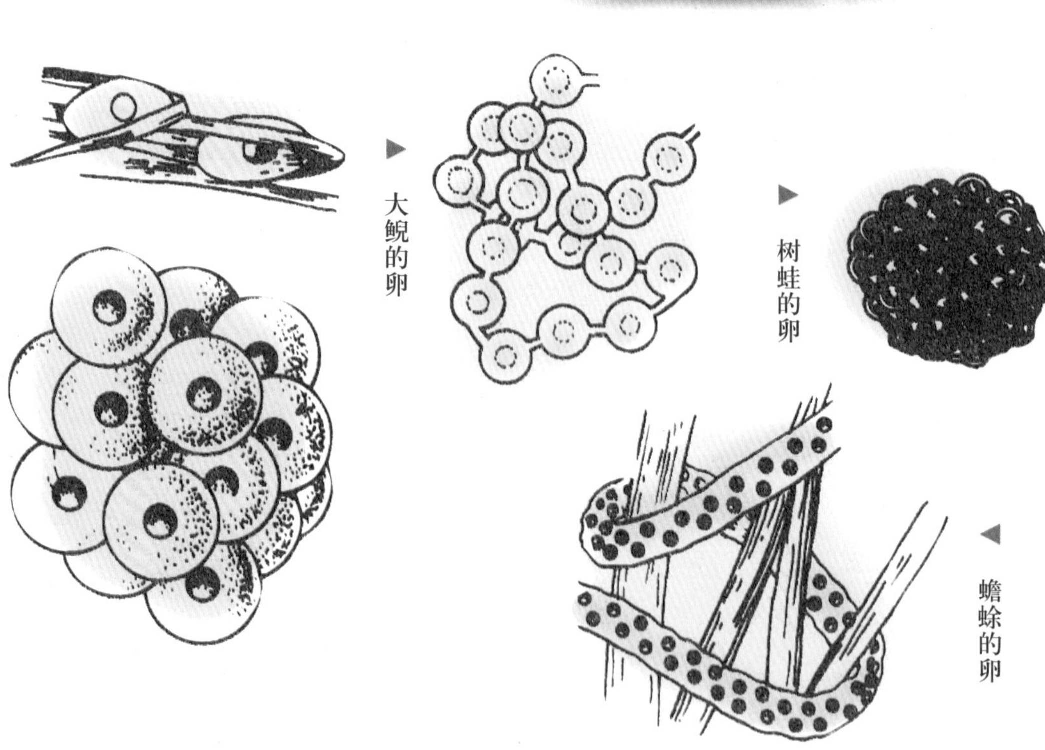

大鲵的卵

树蛙的卵

蟾蜍的卵

地球上现存的两栖动物都是侏罗纪以后出现的，在身体机能、体内机构和器官发育等方面，不但保留了水中生活的特征，而且也有了一些适应陆栖的进步特征。它们主要分布在热带、亚热带和温带，温暖潮湿的热带雨林是它们繁衍和生活的最理想环境。

两栖动物的特征

两栖动物绝大多数都是能够适应陆地和水中生活的，当然也有少数一辈子只生活在水中的。

它们的幼体形态和鱼相似，用腮呼吸，在发育过程中经过变态才能够在陆地上生活。

大多数两栖动物都有4条腿，它们的皮肤湿润，有利于在水中和陆地上吸收和排出水分。它们大部分时间喜欢待在潮湿的地方，以保持身体的湿润。两栖动物到了繁衍后代的时候总是会回到水中。

两栖动物的种类划分

现存两栖动物的体型主要有蚓螈型（无足目）、鲵螈型（有尾目）和蛙蟾型（无尾目或蛙形目）。

蝾螈

蝾螈形态与蜥蜴相似，四肢纤细，少数只有前肢，长着一条发达的尾巴，尾褶相对厚一些。皮肤表面光滑，表皮角质层的薄膜会定期蜕皮。舌头为圆形或是椭圆形，不会外翻进食，两颌周边有细齿。

蝾螈采用体内受精，它的卵会连在一起形成一大串，绝大多数都产在水中，也有少数会产在河边潮湿的泥土里，幼体水生，成体水陆两栖。

蝾螈眼睛大，眼睛上面长着可以自由活动的眼睑，嘴前端略圆，上唇褶发达，下唇褶被上唇所覆盖。

蛙

蛙是现存两栖动物中最高等的类群。蛙的种类最多，分布最为广泛。它们几乎全都生活在热带和亚热带地区。体态短宽，上颚有牙，四肢强健有力，擅长游泳。蛙的成体没有尾巴，皮肤裸露，皮下含有丰富的黏液腺，有些种类在特定的位置上还生有毒腺。在长成成体之前变态明显，成体依靠肺来呼吸，可以在陆地上生活，也可以在水中生活。

蟾蜍

蟾蜍体型短粗，身体背面的皮肤上长着稀疏不规则的瘰疬。头部长有角质的棱嵴，两耳旁生有较大的腺，腺中分泌的物质凝固后在中药中作为一种叫做蟾酥的药材。蟾蜍的鼓膜比较大，而且明显。

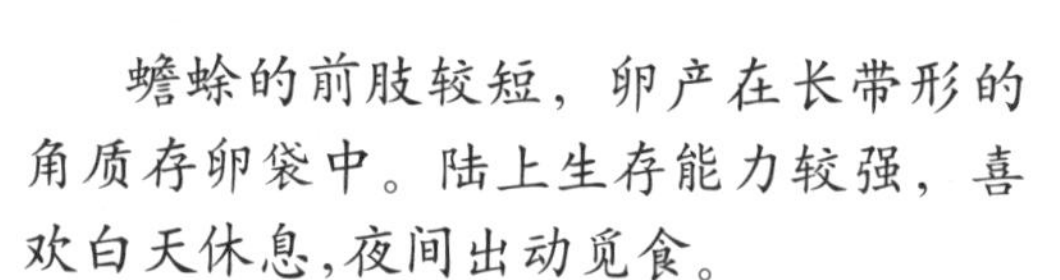

蟾蜍的前肢较短，卵产在长带形的角质存卵袋中。陆上生存能力较强，喜欢白天休息，夜间出动觅食。

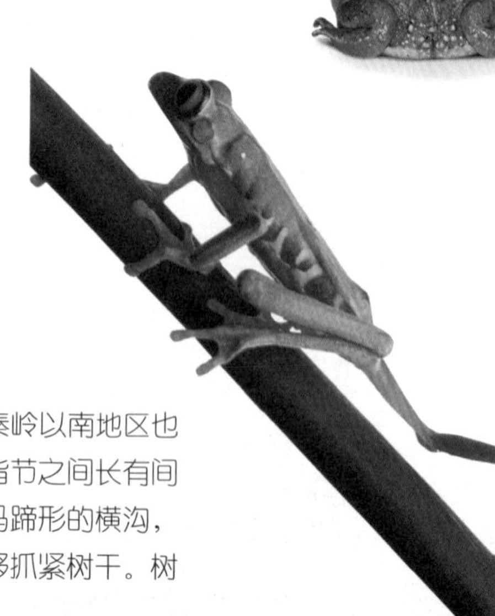

树蛙

树蛙主要分布在非洲和亚洲南部，在我国秦岭以南地区也有分布。树蛙喜欢栖息在树上，在两趾末端和指节之间长有间接软骨，形成一个吸盘，趾间有蹼，同时具有马蹄形的横沟，这样的身体特征使树蛙能够爬树，它的吸盘能够抓紧树干。树蛙将卵产在卵泡之中，幼虫生活在水中。

蚓螈

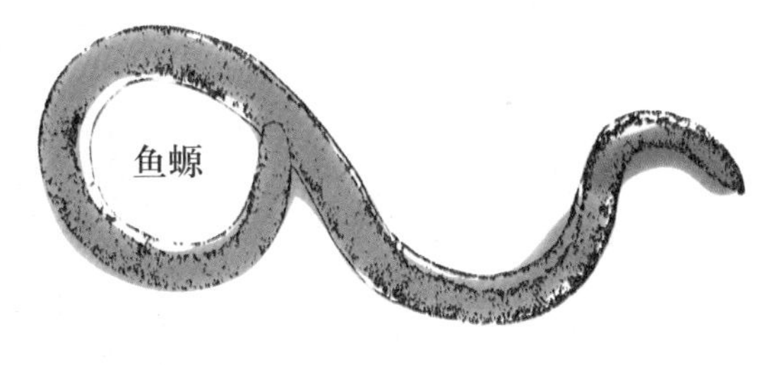

蚓螈的体型与蚯蚓相似，尾巴很短，眼睛和四肢都已经退化。在土地里，蚓螈类爬行动物有自己的穴，主要是靠蜷曲身体蜿蜒运动。

代表动物：蚓螈　鱼螈

体表的皮肤有褶皱，围绕在身上呈环状，这样的特征能够在钻土的时候减轻泥土对身体的压力。在褶皱的表面分布着丰富的腺体，分泌物可以起到减少水分蒸发的作用，并且能够减少体表与泥土的摩擦，加快钻洞的速度。

▲ 蚓螈

蚓螈的繁殖器在交配的时候可以翻出体外，采用体内受精，卵生。

蚓螈在两栖动物中属于最低等的类群，在它们身上还保留着许多原始的特征，皮下长有角质的鳞，脊椎为双凹型，而且没有胸骨。它眼睛不大，隐藏在皮下呈点状；它的听觉已经退化，眼鼻之间长着可以自由伸缩的触角，身长可以达到40厘米。

爬行动物

爬行动物属于冷血脊椎动物，它们是真正意义上的陆栖脊椎动物，爬行动物在脊椎动物的进化过程中起到了承上启下、继往开来的重要作用。爬行动物主要是由早期的两栖动物进化而来的，它们不用像两栖动物那样在水中产卵，而且能够自由自在地在陆地上活动。

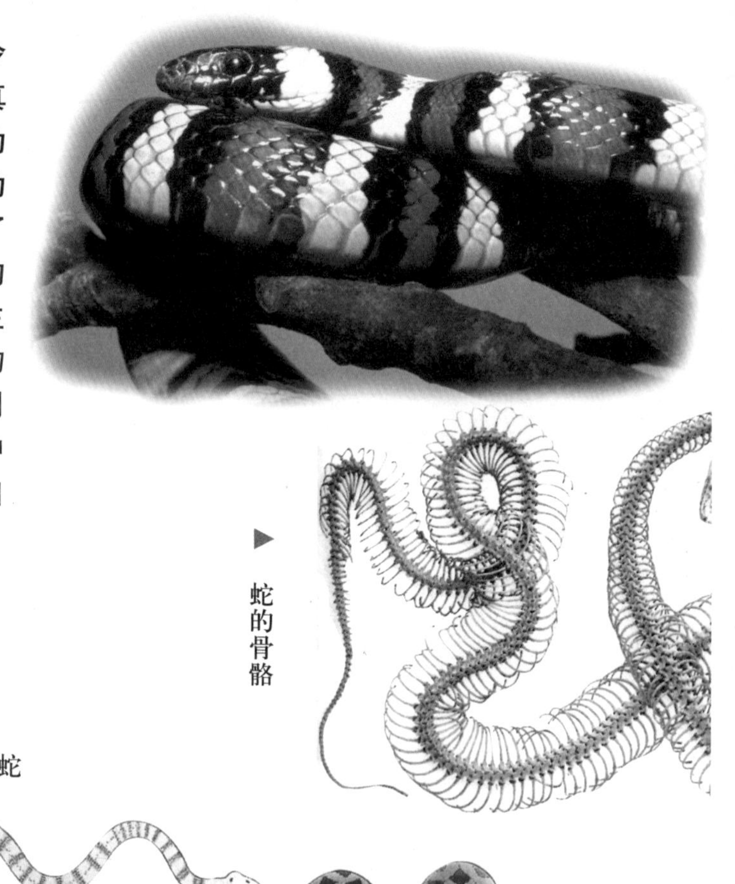

▶ 蛇的骨骼

▼ 以不同方式移动的蛇

爬行动物的身影几乎遍及全球，尤其南半球爬行动物的种类最多，它们大多数都栖息在山地、平原、森林、草原和荒漠地带。爬行动物的身体外部都包裹着角质的鳞甲，而且皮肤干燥。它们的皮肤不透水，所以不用像两栖动物那样经常要保持身体的湿润。爬行动物会定期蜕去旧皮，长出新皮。

由于爬行动物是冷血动物，所以它们在觅食捕猎之前需要在阳光下充分地热身。它们的食量并不大，不需要像其他动物那样大量地进食，从中获得足够的能量。它们可以在极其严峻的环境中生存。爬行动物在陆地上产卵，卵有皮质，有些种类的蛋有硬壳。当小爬行动物孵化出壳后，就要学会独立生存了。

蛇

蛇类动物其实是蜥蜴在进化过程中特化出的一个分支，在生理特性上和蜥蜴有着比较密切的联系。世界上的蛇总共有3000多种，遍布在各个大洲。它们有生活在树上的，有生活在陆地上的，还有生活在水中的。在我国的200多种蛇中，有50多种毒蛇。

蛇是一种身体细长、圆柱条形的爬行动物。蛇是没有腿的，但是从某些蛇的腹部可以看到有两个小的突起，其实这正是退化了的腿的痕迹。蛇的眼睛上面长着一层透明的薄膜，能够起到保护眼睛的作用。

蛇身上的高科技

绝大多数蛇的视力都不是很好，它们主要是靠其他手段来捕猎。蛇的舌头对气味的辨别相当敏感，它会把舌头吐出来收集猎物的味道。一些更高级的蛇头部还长有热感应器，能够在夜间猎食的时候起到准确定位的作用。在现代的高科技战争中，军事学家根据这个原理研制出了夜间瞄准感应器。

蟒

蟒背面的鳞不仅小，而且光滑。腹部的鳞片片状较大，而且宽阔。它们的腰带骨已经明显退化。体内长有成对的肺，泄殖孔的外侧长着角质的爪状物。蟒的生殖方式为卵生，主要以青蛙、鸟类和哺乳动物为食。

世界上最大的蟒名叫“桂花”，全长14.85米，体重447千克，可以轻而易举地吞下一个人。

龟鳖

龟鳖是爬行动物中的特化种群，它们普遍身体宽短，除了头、四肢和尾巴，整个身体包在一个坚硬的骨质外壳内。硬壳是由背甲和腹甲组成的，甲壳的外面生有一层角质板。当它们遇到敌人攻击的时候，就会将所有露在外面的部位迅速缩进硬壳内。

在动物界，龟和鳖的寿命是数一数二的，可以算是“长寿之星”了。它们最少都可以活数十年，根据记载，海龟的寿命能够达到100～200岁。

海龟

并不是所有的海龟都生活在海洋里，其中大部分是这样，但是也有一部分是生活在淡水湖里的。它们的脚上都长着蹼。有些种类的海龟因为长时间生活在海里，原来的蹼已经逐渐进化成了用来划水的桨状肢。海龟前肢长，尾巴短，成年海龟体长1米左右，体重有300～400千克。背上甲壳的盾片要比陆龟平整得多。

到了海龟繁殖后代的时候，它们会定期集体游到距离生活地很远的海岸交配。

海龟会在夜间将卵产在自己在沙滩上挖好的坑内，然后游回海洋，一次最多可以产100多枚卵。龟宝宝的孵化主要是靠太阳光的热量来完成，等到完全孵化后，小海龟就会自己游向茫茫大海。

陆龟

陆龟多数都生活在陆地上，约有90多种，分布广泛。它们生来笨拙，行动缓慢。四肢粗壮，爪钝而强，腿上带有鳞片。半球状的坚硬背壳是它们保护自己的最重要的武器。陆龟没有牙齿。

乌龟

乌龟是龟类动物中最常见的种类，在我国的绝大部分地区都有分布，又叫草龟。常常生活在湖泊、沼泽和池塘里，喜欢在阴凉潮湿的岸边挖洞。草龟的头部光滑扁平，后部长有颗粒状鳞，背部的甲上面有明显的3道纵棱，在趾之间长有蹼。

象龟

象龟在龟的家族中属于体型比较庞大的一类，它背部高达50厘米，凸起高隆。象龟身长1.5米，体重250千克以上。主要分布在南美洲厄瓜多尔科隆群岛，是世界上最大的陆生龟。

鳖

鳖就是我们常说的甲鱼，属于淡水龟类。体型比较小，体重不到10千克。背甲的边缘长有厚实的结缔组织。鳖的咽部是凸起的，血管分布清晰，能够更好地适应在水中的气体交换。正是因此，鳖能够在水下待很长时间而不用探出水面来换气，最长可达十几小时之久。

鳖与龟的显著区别

龟的头和四肢可以缩进甲壳中，但是鳖的四肢不能收进自己的甲壳里。

种类繁多的蜥蜴

在爬行动物中，蜥蜴类动物的种类是最多的。它们多为陆生，除了极地，地球上的各个地方均有分布。现存的蜥蜴约有3000多种。它们有生活在树上的，也有钻地挖穴的，还有擅长游泳的。

蜥蜴擅长伪装自己，有些种类像变色龙，能够根据周围环境的特点变换自身的颜色，达到迷惑敌人的目的。

蜥蜴个头儿不大，但是行动迅速。它们的皮肤长有厚厚的鳞片，4条腿，有一条长长的尾巴。蜥蜴的舌头很长，能够快速伸缩，在捕猎的时候能够起到出奇制胜的作用。它们主要以昆虫、小型哺乳动物和其他小型爬行动物为食，同类动物之间也会有自相残杀的现象。蜥蜴经常将卵产在温暖潮湿的洞穴中，一般产过卵的雌性蜥蜴会离开洞穴。

最凶猛的爬行动物——鳄

鳄类动物属于大型爬行动物，从它们的长相就能够感觉到那种咄咄逼人的凶猛。全身上下皱皱巴巴，还有一身布满鳞片、硬巴巴的鳄鱼皮，那坚硬锋利的牙齿，血盆大口，强壮的身体，让所有的动物胆战心惊。

鳄鱼能够在陆地上快速奔跑，也能够靠它的大尾巴在水中游泳，所以它的攻击范围相当大。它们喜欢生活在热带地区的沼泽和池塘附近，鱼类、龟类和哺乳动物都是鳄鱼的食物。有些时候它们也会攻击防备不及的羚羊和野牛，等到这些动物到河边饮水的时候，鳄鱼会在水下慢慢地向目标移动，然后突然间冲出水面，以极快的速度用锋利的牙齿咬住猎物，用力地甩动上身，将猎物硬拖进水中，使它们窒息。但是一般情况下，鳄鱼不会主动攻击人类。

鳄鱼的眼睛和鼻孔都长在头部的顶端，它将全身隐藏在水下，只要将头顶露在外面，就可以呼吸和观察周围的情况，这样就更加隐蔽，使其他动物很难察觉到自己已经成为鳄鱼的下一个目标。

6～7月份是鳄鱼的繁殖期。鳄鱼也会像其他爬行动物那样，将卵产在陆地上，一般一次可以产卵20枚左右。它们会精心地照顾自己的宝宝，直到它们出世。

鸟

鸟属于恒温脊椎动物，起源于爬行动物，在身体结构上和爬行动物有着许多相似之处。它们身上长有羽毛，有翅膀，卵生。鸟类的新陈代谢相当旺盛，能够在天空中飞翔是鸟类与其他脊椎动物最根本的区别。

御寒

鸟的四肢当中的前肢已经进化成了用来飞行的翅膀，头部和躯干都有羽毛覆盖。贴身的羽毛较密，能够抵御寒冷；外部的羽毛比较硬，也比较长，能够适应各种情况下的飞行。我们称鸟的嘴巴为喙，喙中没有牙齿。

鸟类的特性

- 恒温（体温保持在37℃～44℃）
- 后代成活率较高（具有完善的繁殖方式）
- 神经系统发达
- 可以迅速地在天空中飞翔，并可以通过迁徙来选择适应自身生存的环境

育后

鸟类动物的雌性和雄性在繁殖之前会共同筑起巢穴，大多数建在树上，也有将巢建在地下洞穴里的。在孵化过程中，始终会有一只鸟待在巢穴中，压在蛋的上面，保持孵化的温度；另一只鸟就会负责外出找食物，直到幼鸟可以独立觅食。

雁

属于大中型游禽，分布在世界的各个地方，它们经常进行远距离的季节性迁徙，产卵主要选择在北半球。它们的嘴很扁，前3个趾之间生有蹼，大多数雁身上的羽毛带有明亮的绿色和紫色的斑点。

鸿雁的飞行速度很快，一般可以达到60～80千米/小时。

体型最大的雁——天鹅

天鹅全身洁白，嘴上长有黑色的斑点，嘴上有钩，在进食的时候可以用来撕碎食物。天鹅姿态优美，游泳时脖子伸得很直，像是在炫耀自己的高贵。这种美丽的飞禽，生性文雅，稀有珍贵，经常出现在各种艺术作品当中，也是我国的重点保护鸟类之一。

鸟类的迁徙

多数鸟类会根据季节的变更和自己所在环境的变化主动变更栖息地，这种习性叫做迁徙。当原来生活的环境变好，或是气温升高，食物充足时，它们又会飞回去。

编队飞行的鸿雁

在我国，鸿雁大多栖息在北方，它们喜欢生活在芦苇丛和沼泽地附近。平时就在浅滩附近活动觅食，植物和小的软体动物是它们主要的食物。

鸿雁在迁徙飞行过程中有着极强的集体纪律性。它们总是在飞行中采用“人”字形和纵向“1”形交替轮换。这其实并不是它们在玩耍娱乐，这样紧凑的队形不会导致分散飞行，落下队员，迷失方向；同时，编队后面的鸿雁还可以借助前面队员翅膀扇动产生的上升气流飞得更快，减少体力的消耗。

秃鹫

秃鹫头部光秃秃的，外形丑陋，眼神凶煞，看上去总有一种阴森的感觉。其实秃鹫根本不杀生，它们经常和其他鸟类一起分享动物腐烂的尸体，从来不去攻击活生生的动物。秃鹫喜欢站在树上休息，它的脚上爪子并不尖，4只脚趾中的前3只往前伸，1只向后，这样能够很稳当地站在树干上。

秃鹫的视力很好，能够在距地面很高的空中寻找到猎物。秃鹫的嘴和同类动物长得有些不一样，喙前的弯钩很深，这样在抢食动物尸体的时候能够轻松地撕动尸体的皮毛。

▲ 秃鹫

鹰

鹰是一种食肉动物，体型远远大于其他鸟类。它们长着一对强劲有力的翅膀，羽毛丰厚，是绝对的飞行高手，当它们展开双翅翱翔在天空的时候，就像是一架滑翔机。鹰习惯白天活动，脚上的爪子坚硬有力，通常以鸟类、蜥蜴和小型动物为食。嘴上的利钩是它捕猎的另一大武器，在抓住猎物之后，嘴上的利钩可以轻而易举地撕破动物的表皮。

鹰的视力很好，在觅食的过程中可以进行低空高速飞行。

捕鼠专家——猫头鹰

猫头鹰的头和身体一般宽，长着两只又圆又大的眼睛，这可是它们捕捉猎物的利器。猫头鹰身上的羽毛柔软轻巧，从树干上飞起的时候一点儿声响都没有，这样不至于惊动已经上钩的猎物。它们的脚上长有像鹰爪一样的利钩。

猫头鹰的听觉很灵敏，耳孔之间具有收集声波作用的褶膜，加上耳朵边缘长着的辐射状排列的羽毛，都是帮助猫头鹰成为辨别声音高手的先进武器。

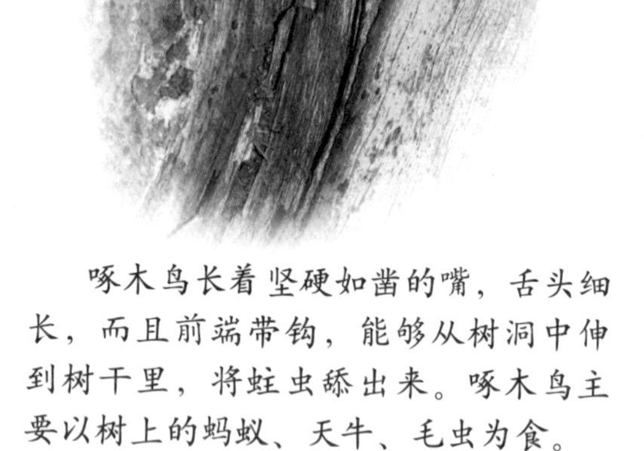

啄木鸟

啄木鸟善于攀援，它们很少到地面上活动，绝大部分时间待在树上，是森林中著名的益鸟。它们每天都会从树的根部一直啄到顶部，不仅可以吃掉树干上的害虫，而且护林工人还能够根据它们啄树的痕迹判断树木有没有害虫。

啄木鸟长着坚硬如凿的嘴，舌头细长，而且前端带钩，能够从树洞中伸到树干里，将蛀虫舔出来。啄木鸟主要以树上的蚂蚁、天牛、毛虫为食。

喜欢炫耀的孔雀

孔雀的存在给本来充满勃勃生机的大森林带来了更加绚丽的色彩。它们习惯成群地生活在一起，主要分布在亚洲南部的热带和亚热带的丛林之中，我国只有在云南才能见到它们美丽的身影。

孔雀的羽毛绚丽多彩，背部的羽毛绿得像是翡翠在放光，羽毛的周围还有黑色的边缘，中间长着一个椭圆形的深色斑纹。每年的春季是孔雀的繁殖期，这时，雄孔雀会将自己的尾羽高高地立起来，尽可能地舒展开，好比一把五彩缤纷的大扇子。这样做是为了吸引异性的青睐，雌孔雀会根据它们羽毛的漂亮程度选择自己交配的对象。

孔雀生性机警敏锐，只要身边一有声响，就会收起羽翅，迅速地逃走。野梨和其他树林中的野果是它们的主要食物，有时候它们也会吃些白蚁、蜥蜴等小动物。

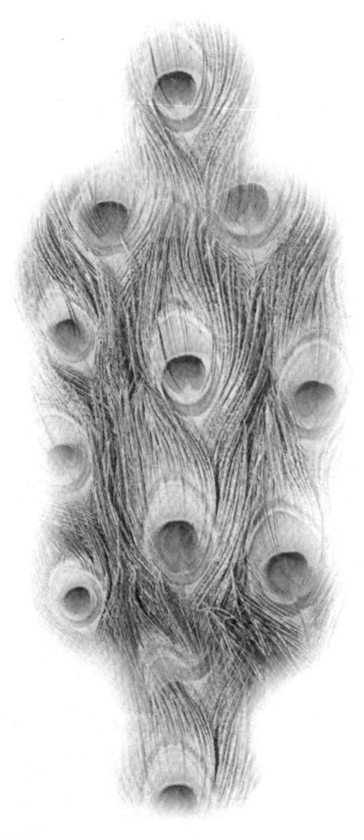

▲ 孔雀翎

珍稀的观赏鸟——褐马鸡

褐马鸡身上最吸引人的地方就是那成双行排列的尾羽，尾部的中间有两对长长的尾羽，自然地向后舒展下垂，我们称之为“马鸡翎”。平常的时候，漂亮的尾羽总是高挑着向后翘，形状酷似马尾，所以人们叫它“褐马鸡”。

褐马鸡比家鸡个头儿要大一些，高约半米，体长1米左右，体重4～5千克。它们羽毛光彩绚丽，姿态优美。全身上下一身黑褐色的羽毛，头的两侧各有一缕白色的耳茸，脚趾的毛偏红色。

褐马鸡属我国一级保护动物，是我国的特产鸟类，它的形象被选为中国鸟类协会的代表标志。也有人曾经提出，将褐马鸡作为我国的国鸟，可见它的珍稀和名贵。

学舌大师——鹦鹉

鹦鹉的种类很多，它们大多数生活在热带、亚热带，在我国南方气候温暖的海南、广东、广西、云南等地也有分布。鹦鹉之所以这么惹人喜爱，不单单是因为它们鲜艳的羽毛和讨巧的外形，更主要的是它们能模仿人类说话，这是其他动物所无法匹敌的。

鹦鹉喜欢啃食花生、稻谷、玉米等农作物，虽然有人喜欢听鹦鹉学舌，但是从事农作物种植的人们却都对它们恨之入骨，常常设计很多圈套捕捉它们。

鹦鹉之所以能够模仿人类说话，主要是因为它长着和人类相近的舌头。其实鹦鹉根本不理解人类的语言，经过训练或是经常有一些声音在它耳边被重复说起，它就能够逐渐学会，并且模仿同样的发音。但是，它们也只能是来来回回地说上那么几句。

鸟中巨人——鸵鸟

鸵鸟是目前生活在地球上的体型最大的鸟类，它们主要生活在非洲大陆。在那里，鸵鸟竟被当地人们当作运输工具，据说还有人专门训练它们充当牧羊人的角色。

鸵鸟身材高大，擅长奔跑，能够适应沙漠中炎热干燥的气候。成年鸵鸟一般身高在2米左右。头部的羽毛相当稀疏，颈部是光秃秃的。相比其他鸟类，它们的样子实在不敢恭维。但是它们有自己值得炫耀的地方，它们不仅颈部可以伸得很长，而且视力很好，站得高，望得远。这样的身体条件可以及时察觉周围的敌情，从而迅速做出反应。

鸵鸟的双腿非常有力，奔跑迅速，平均时速可以达到50千米/小时以上，而且奔跑的时候还扇动着翅膀。它们喜欢几十只成群地生活在一起，以果实、植物和昆虫为食。

鸵鸟是世界上最大的鸟，鸵鸟蛋也是鸟蛋中最重的，大概有1200克重。

哺乳动物

哺乳动物是从爬行动物进化演变而来的。在漫长的进化过程中，它们在身体结构和生活习性等方面有了很大进步，并且在新陈代谢方面有一个全面的提升。它们可以做到在陆地上快速地活动；具备完善的神经系统；能够有效地防止体内水分的蒸发。

哺乳动物都是恒温动物。胎生的繁殖方式，对于哺乳动物的发展起到了极其重要的作用，同时这也是它们在与其他动物类群竞争中的优势所在。哺乳动物在胚胎发育过程中能够起到较好的保护作用，胚胎可以提供足够的营养和其他有利于恒温发育的条件，将环境对胚胎发育所产生的负面影响降到最小程度。

现存的哺乳类动物约有4000多种，因为它们的生存能力和适应能力都很强，所以它们的踪影几乎遍布整个地球。

现在地球上的哺乳动物都已经适应了各自的生存环境。它们不仅能在身体结构和器官功能上完全应对环境变化所带来的不便，而且它们还能根据地球环境的变化完善自身，以便使自身能够在不同的环境中拥有更强的生存能力和竞争能力。

哺乳动物的先进特征

1.高度发达的神经系统和感觉器官，能够适应多变的生存环境。

2.恒定的高体温（约为25℃～37℃）。

3.胎生、哺乳喂养，大大提高后代的成活率。

4.具备陆地快速行动的能力。

针鼹属于单孔类哺乳动物，像鸭嘴兽一样，它们的进食、消化和繁殖都是在身体的同一部位，这个部位我们称之为泄殖腔。针鼹喜欢独自待在挖好的洞穴里，等到夜间出来活动觅食。在雌性繁殖的时候，腹部的皮肤会褶皱成一个育儿袋，用嘴把卵慢慢地移入袋中孵化。

针鼹

世界上针鼹的数量很少，只有在大洋洲的澳洲大陆才能看到它们的身影。体型和刺猬相似，全身上下长有带尖刺的毛，吻部细尖裸露，舌头为长条状。前肢善于挖土，主要以蚊子和昆虫为食。

铲土工人——鼹鼠

许多地方的农民都喜欢叫它们“地耙子”，因为它们喜欢钻到土地下面，就像是推土机一样。它们身长十几厘米，外形上有些老鼠的影子，身体胖乎乎的，身后长着一条短短的尾巴。吻部突出，颈部很短。

别看鼹鼠的四肢又短又小，其实它们也算个大力士。前肢的掌部是向后扭着的，趾间有蹼，就像是一把小铲子，是挖土的主要工具。后肢主要是起搬运土块作用的，它们协助前肢把挖出的土推向身后的洞外。

鼹鼠生来喜欢钻地、挖土的习惯，对农业的生产起到了很好的协助作用。

鼹鼠足迹

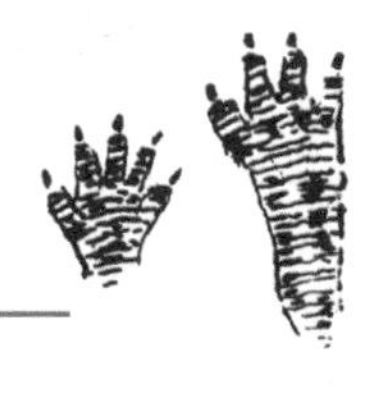

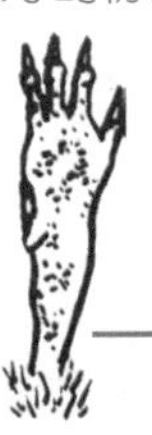

鼹鼠爪型

会飞的哺乳动物——蝙蝠

蝙蝠是哺乳动物中唯一真正会飞的动物，其他有些哺乳动物只能在空中瞬间滑翔一小段距离。蝙蝠的数量是所有哺乳动物之和的四分之一。它们身体很小，和老鼠的大小差不多，身体生有黑褐色的毛。

植物的果实和花粉是蝙蝠主要的食物，冬眠期间它们还会进食、排泄。蝙蝠生来喜欢聚集在一起生活。它们长着一双炯炯有神的大眼睛，能够敏锐地观察到周围的变化。

蝙蝠可以根据头部吻上的发射装置发出的声波，判断飞行猎物的大小和与自己的距离，从而发起攻击。

蝙蝠趾的末端生有爪，休息的时候采用一个标新立异的倒挂姿势。蝙蝠可以钩在树干、房檐等地方睡大觉，夜间是它们出来行动的好时机。

袋鼠

袋鼠属于比较低等的哺乳动物类群，它们主要分布在澳大利亚。由于澳洲大陆很早就在大陆板块漂移的时候和其他大洲隔离开了，袋鼠没有受到胎盘类更高级哺乳动物的攻击，所以这一种群至今仍然保留了下来。

袋鼠的身体各部分比例失调，头部相对于长长的躯干显得很小；前肢短小，悬在胸前，后肢粗壮有力，大概有1米多长。袋鼠还长着一条1米多长的粗尾巴，当它遇到敌人，快速跳跃的时候，尾巴就起到了掌握平衡的作用。

袋鼠通常生活在茂密的灌木丛中，快速的跳跃和粗壮的尾巴是它们对付敌人的法宝。

人们之所以叫它袋鼠，当然是因为它的腹部长有一个育儿袋。小袋鼠出生后，就会被放进那个大袋子，在里面乖乖地含着母亲的乳头。即使到了小袋鼠能够独立觅食、活动时，只要一遇到敌情，它们还是会习惯地跳进妈妈的大袋子里避难。

▶ 袋鼠宝宝

食蚁兽

食蚁兽属于贫齿动物，也就是说口中没有长牙。它们长着一条很长的舌头，上面分泌着黏稠的唾液，能够很容易地将它们最喜欢吃的蚂蚁粘到舌头上，然后送入嘴中。

它们的中趾比其他趾要粗大有力得多，可以一下划开地皮。事实上，食蚁兽性情温和，行动缓慢。它们的嗅觉相当灵敏，能够很准确地找到蚂蚁的老窝。

食蚁兽主要生活在中、南美洲，模样古怪，大小和猪差不多，头部细长，像一根探出的锥状物。眼睛、鼻子、耳朵也都很小。在身体的后面，长着一条又长又蓬松的大尾巴。还有一种食蚁兽的尾巴略短一点儿，在食蚁兽爬到树上的时候，可以用它缠住树干。

终年生活在树上的三趾树懒

三趾树懒生活在南美洲的热带森林中，它们可以一辈子待在树上，不到地面活动，直到死去。它们以树当家，整天赖在树上睡大觉。

穿山甲

穿山甲集中分布在亚洲南部和非洲大陆，我国长江以南地区也有分布。它们可是挖洞的专家，前肢掏洞，后肢刨土，打洞的速度是其他动物所不能比拟的。

穿山甲的主要食物是蚂蚁，偶尔也吃一些昆虫。全身上下的器官唯独嗅觉比较灵敏，能够嗅到蚁巢的味道，并且准确地判断打洞的位置和距离。它们吃食蚂蚁主要是靠又长又细的舌头，用上面分泌的黏稠唾液将蚂蚁粘进肚子里。

穿山甲白天喜欢缩在洞里睡大觉，到夜晚再出来活动。它们和其他贫齿类动物不同，不但会爬行，而且还会游泳。

穿山甲头尾较尖，整个身体呈流线型。眼睛、鼻子和耳朵都很小，身体上面覆盖着一层厚的鳞片状的硬甲。一旦遇到攻击，就会机警地蜷成一团，一身盔甲就是最好的护身符。

犰狳

犰狳就像是身披盔甲的武士，盔甲是由身体的骨片组成的，从头到尾。因为它们的腹部比较柔软，是敌人攻击的主要部位，所以当它们遇到敌情时就会迅速地缩成一团，把坚硬的外壳留给敌人。

犰狳的口中只有几颗简单的臼齿，昆虫是它们的主要食物。

啮齿类动物

啮齿类动物是哺乳动物中数目比较多的一类。全世界大约有2000多种，我国大约有210种。它们普遍生存能力比较强，能够吃各种各样的食物，在很短的时间内能适应周围环境，而且繁殖能力惊人，所以它们的身影几乎遍布整个地球。

啮齿类动物个头儿都不大，腿比较短。它们长着坚硬的臼齿和锋利的门齿，总是喜欢啃东西，经常毁坏人类的庄稼和物品。它们都很机敏，嗅觉和听觉更是出奇的敏锐。

最大的啮齿类动物

南美北部的水老鼠，头部和身体的长度为1～1.3米，重量可达79千克。

啮齿类动物喜欢群居，主要以果实、树叶、树皮和木头为食，经常啃这些坚硬的东西，才能防止它们的门牙越长越长。

最小的啮齿类动物

墨西哥、美国得克萨斯州、亚利桑那州的北部小鼠和巴基斯坦的俾路支小跳鼠，头部和身体的长度都为3.6厘米，尾部长度为7.2厘米。

麝鼠

▲ 麝鼠

麝鼠和兔子的个头儿差不多，身体长有一层又厚又密的绒毛，深褐色的毛皮富有光泽。麝鼠的毛皮具有很高的经济价值，十分贵重。和其他啮齿类动物不同的是，麝鼠的后趾有蹼。

麝鼠的食物主要是水生植物，它们习惯在河岸边上挖洞藏身。如果不能有效地制止更多的麝鼠在河堤岸挖洞，就有可能造成河堤坍塌。

雌麝鼠有三四对乳房，雄麝鼠没有乳房，这在哺乳动物中十分少见。

中华鼢鼠

中华鼢鼠喜欢藏在地下，打出好几个相连的洞穴，不单单外形接近鼹鼠，而且生活习性有许多的共同点。它的毛皮柔软，骨头可以做成药酒。

但是，鼢鼠喜欢刨坑钻地的习惯给草原的土壤结构造成了很大的破坏，使得水土流失加重。所以，鼢鼠一直以来都被认为是害兽。

松鼠

松鼠主要生活在北半球亚寒带的针叶林中。头骨向后突出，体毛呈灰褐色，身上的绒毛又厚又密，耳尖有丛毛。

许多人认为松鼠又啃松树又吃松果和胡桃，对树木本身有很大的损害，其实并不是这样。秋天的时候，树木结出了累累硕果，松鼠们也忙碌起来。它们一边分享这些新鲜的果实，还不忘收集一些贮藏在树洞中或是土地下面。这样，到了冬天，它们就不会因为缺少食物而发愁了。其实，松鼠一冬天是吃不完它们所贮藏的所有种子的。这样一来，第二年的春天地下的种子又会生根发芽，钻出地面。每一年都会有新长出来的植被，所以非但不会减少树木的数量，而且还能够促进树木的生长。

▲ 松鼠

河狸

河狸是一种水陆两栖动物，在我国的新疆阿尔泰地区才有河狸，它们已经被列为国家一级保护动物。

河狸喜欢群体生活，一大家子生活在同一个巢穴内。巢穴都是用嘴衔来的树枝和干草垒成的，里面铺上柔软的草垫。大多数河狸的家都是建在河边或是湖中的小岛上。这并不是它们独出心裁，而是为了防止豺、狼和狐狸的袭击。一般一个湖中会有若干个河狸的家庭，它们之间会经常联系，当其中某个河狸的家庭受到攻击时，其他家庭会义无反顾地前去解救，可谓是一方有难，八方支援。

河狸是中国啮齿动物中最大的一种。它体型肥壮，头短、眼小、耳小、颈短。门齿锋利，具有发达的咬肌肉，2个小时就能咬断一棵直径40厘米的树。前肢短宽，无蹼。后肢粗大，趾间有蹼。

河狸主要以柳、桦、白杨、小叶杨等落叶树上较高、较嫩的软枝内皮为食，但它们不会爬树，通常是用门牙把小树啃倒再吃。

犬科动物

犬科动物体型与犬相似，身体不长，四肢擅长奔跑，后足长有四趾，爪子比较迟钝，不能够自如地伸缩，头的面部向前突出。犬牙坚硬锋利，习惯用利爪撕捕猎物。主要代表动物有狼、狐、豺、貉。

狼

狼的体型虽然不大，但是模样长得很凶恶。狼的嘴巴十分有力，里面长着两排锋利的牙齿，这就使它具备了一个出色猎手的基本素质。

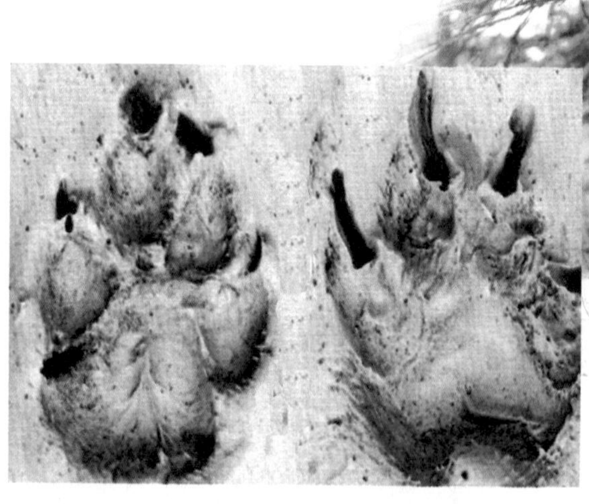

▲ 狼足型

成年狼的体重可达30千克，体长1米以上。

狼性情孤僻，喜欢独自行动。但是一旦找到了猎物，就会集体出动，发起攻击。在攻击的过程中，总会有一只老狼作为指挥官发布号令，因为它能够很快找出猎物的弱点。

狐狸

在许多人眼中，狐狸总是让人感觉和狡猾、贪婪这些贬义词有缘。但是，事实并不是这样。它们不仅对自己的儿女关怀备至，而且和周围其他的狐狸也是互帮互助的。

狐狸身体轻巧，思维敏捷。它们喜欢生活在森林和草丛中，那里有它们喜欢吃的野兔和老鼠。狐狸会在经常活动的地方打洞，每个洞穴都会留好几个出口，这样在敌人发现后，它们可以从容地从别的地方逃生。

幼狐在出生后的两个星期都很弱小，会经常受到猫头鹰和大型兽类的威胁，所以雌狐总是形影不离地保护着自己的孩子。

豺

豺的体型比狼小，但是比狐狸大一些。因为豺的外形和犬很相似，所以有的地方的人们也管豺叫豺狗。

豺喜欢聚在一起向猎物发起包围攻击，野猪、鹿、羚羊都是它们猎食的对象。豺之间在捕食时能够很好地配合，而且它们都很大胆，再加上灵活的身体和锋利的爪子，倘若一只老虎遇到一群豺，那么，老虎的性命也是很难保住的。

豺生性凶猛，捕杀动物的时候首先会抓破猎物的眼睛，让猎物丧失逃跑的能力。然后咬住猎物的脖子使它窒息，随后用锋利的牙齿和爪子剖开猎物的身体，挖食肉和内脏。

貉

貉别称狸，外形像狐，但略小于狐，且较肥胖，吻尖，耳短圆，四肢和尾较短。体长50～65厘米，身披蓬松长毛。貉的全身为斑色，通常体背和体侧为浅黄褐色或棕黄色，背毛尖端为褐色，吻部的毛为棕灰色，两颊和眼睛周围的毛为黑褐色，腹毛为浅棕色，四肢的毛为浅黑色，尾巴末端的毛接近黑色。

貉行动缓慢，昼伏夜出，主要以鱼、虾、蟹、蛙、鼠、蛇、鸟和昆虫为食，也吃浆果、真菌等植物。狼和猞猁是它们的主要天敌。

貉是一种穴居动物，除个别的貉自己挖洞做窝以外，大多数貉通常利用岩洞、自然洞穴和树洞做窝，或者把獾、狼、狐等动物的弃穴作为自己的窝。有意思的是，由于生存环境相似，貉有时候会在冬天跟獾住在一起，并且非常和睦，很少打架。

猫科动物

虎

猫科动物是最为肉食性的哺乳动物。头圆吻短，四肢结实有力，爪不仅尖利，而且能够伸缩，善于奔跑跳跃和攀援。

老虎的性格比较孤僻，喜欢我行我素，独来独往，居无定所，并且有明显的巢域。它们耐寒的能力远远超过耐热，所以喜欢洗澡，习惯于在离水较近的树林、草丛间活动。老虎在清晨和黄昏时捕食，先潜伏在树丛中，等到猎物出现时，轻轻地靠近，然后突然跃起直扑过去。

我国是世界上老虎最多的国家，出产的老虎有东北虎、华南虎和南亚虎。老虎的自然繁殖过程比较长，通常两三年一胎，一窝产仔2～4只，成活率只有一半，老虎的寿命约为20～25年。由于森林的减少和滥捕滥猎，老虎的生存环境遭到了严重的破坏，全世界老虎的数量已从50年前的10万只骤减到了现在的3000多只。

老虎毛皮上的斑纹在树林、草丛中是极好的保护色，使被盯上的猎物不容易发现它。

老虎的眼睛感光性很强，瞳孔会随着光线的强弱变化而缩小或放大，所以它们也善于在昏暗的条件下狩猎。老虎的一扑很厉害，能远扑7米之外，跃高2米，一掌可以击倒一只鹿。

狮子

狮子产于亚洲西部和非洲，身长不到3米，比虎略小，体重一般在160～200千克左右。它们四肢强壮有力，长有钩爪，脚掌有肉垫，尾巴细长，尾巴末端生有球状茸毛，内藏骨质硬包，主要以羚羊、斑马等动物为猎物。雄狮的颈部有长鬣，而雌狮没有，全身毛棕黄。狮子和虎豹有所不同，它们白天、晚上都会出来捕食，而且是以集体出动的方式。狮子通常不会攻击人。狮子奔跑速度很快，但是不会爬树，而且也不喜欢下水。狮子常年都可繁殖后代，每胎2～4仔，2岁半～3岁为成熟期，寿命一般在20～25年左右。

狮子的习性与虎豹有显著的不同。狮子一般生活在开阔的原野，由一头雄狮和数头雌狮带着几头小狮子，以家庭为单位集群生活。

猞猁

猞猁，又名林曳，是一种短尾巴的猫科动物。

猞猁主要以野兔、鼠类和小型草食动物为食。

猎豹

猎豹在猫科动物中长得不算高大，也不很凶猛，但因为它是陆地上短跑最快的动物，最高时速能达到110千米，比疾驰的小汽车还快，所以十分有名。猎豹的身体(包括头和身长)有1.5米左右，而它的尾巴也有1米多长。它的身体结构很有特点，腿长体瘦，脊椎骨十分柔韧，容易弯曲，使它可以大步向前弹跃；它的脚上长着又长又细的爪，并且总露在外面，所以猎豹奔跑如飞。猎豹擅长爬树，经常爬到树上休息、睡觉，或者埋伏在树枝间伺机出击。捕食时一般都是采取迂回包抄的战术，从后面和侧面发动进攻。

猎豹捉不住羚羊

猎豹虽然是世界上跑得最快的动物，而羚羊的速度仅仅是90千米/小时，但是，在猎豹追捕羚羊时，常常是空手而归。这是为什么呢？原来，猎豹虽然是短跑冠军，但是它快速跑上三四百米就会气喘吁吁，速度也逐渐慢了下来；而羚羊却是大名鼎鼎的长跑冠军，它可以用90千米/小时的速度跑很远的路程。因此，猎豹追捕羚羊时，一旦追了一小段距离还没追上，自己也就放弃了。

熊科动物

熊科动物属大中型兽类，身体粗壮笨重，头部比较圆。熊的腿短，四肢足上长有五趾，爪子不能够伸缩，尾巴很短。熊科动物除了北极熊是全肉食性动物，其余均是杂食性大型哺乳动物。

▶美洲黑熊的幼崽

熊生来喜欢独居，高大的森林是它们经常活动的场所。它们的视力不好，但是嗅觉却相当灵敏。大部分熊科动物以植物为食，也有些种类喜欢捕鱼，喜欢吃些小动物和昆虫。

在熊的家族中，北极熊是陆地上个头儿最大的肉食动物。它们生活在树林中，有的身体小一点儿的熊类还擅长爬树。

熊在夏天就开始贮存能量，增加体内脂肪含量，等到寒冷的冬季到来时，它们就会躲进树洞或是地下的洞穴去过冬。

黑熊

黑熊主要生活在喜马拉雅山系、中国、日本及西伯利亚东南部。虽然我国境内黑熊的数量不多，但是分布较广，而且适应能力很强。

黑熊孤僻自居，独来独往。它们虽然很凶猛，但是不会主动攻击人类。

黑熊有一身漆黑的毛皮，胸前有一道V字形的白色纹路，鼻子和吻部的毛色发黄。它们身材高大粗壮，不仅会爬树，而且还会游泳，有时也可以将前肢抬起，直立着身体走上几步。

黑熊其实属于杂食动物，一般来说，主要是以植物为食，但是也吃雏鸟、老鼠、蚂蚁和蜜蜂。它们的胃口很大，每天的一半时间都用来摄食。秋季农产品丰收的时候，它们也会在夜间出来活动。

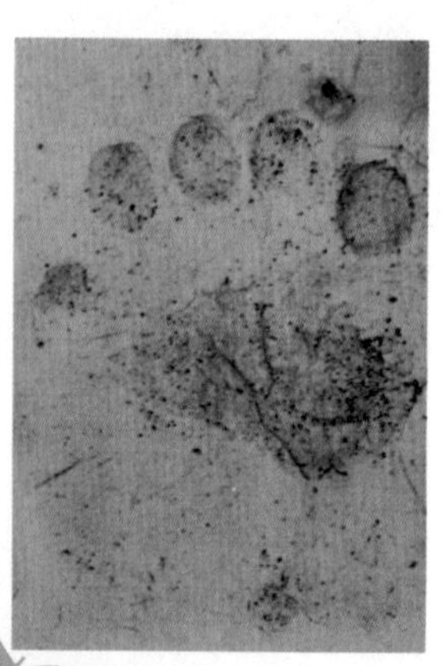

◀ 黑熊的足迹

北极熊

北极熊是北极特有的食肉类动物。它们的脚掌肥大，上面长有厚厚的肉垫，周围还长有厚厚的毛，不至于被冰凉的冰面冻坏，同时也可以起到防滑的作用。浓密的毛和厚实的脂肪是它们抵御寒冷的最好方法。

北极熊的身材是熊类动物中最高大的，1只成年的北极熊身长可达3米，体重约有400千克。北极熊因为全身都为白色，人们也称它们为白熊。

北极熊性情凶悍，捕猎时可以在冰面上以很高的速度奔跑，而且擅长游泳。它们主要以年轻的海豹和海象为食。当猎物游到岸上休息时，它们就会悄悄地靠近目标，然后在猎物还没有做出任何反应的时候，用它们巨大的掌拍击猎物的头部。

灰熊

灰熊在森林中也算得上是一霸，它们拥有高大的身躯和强大的攻击力。它们是极其危险的动物，通常一只成年的灰熊身高超过2米。

灰熊虽然高大凶猛，但是和黑熊相比，它也有不如之处。灰熊的攻击范围很小，因为身体浑圆笨重，行动不便，所以它们都不擅奔跑，并且不会爬树。它们只能够在与猎物近距离的激战中占得上风，一旦没有在最佳时机内打晕猎物，让它逃走，那么也就宣告此次攻击的失败。

棕熊

棕熊生活在北美西部的森林中，它脾气火爆，力大无比，具有很强的攻击性。

棕熊虽然身材高大，看起来很笨重，但是它们却是活动自如，反应灵敏，不仅奔跑的速度很快，而且会爬树。

棕熊也属于杂食动物，练就一身捕鱼的好本领，经常会走到河边、小溪旁，捕食河中的鲑鱼。

长鼻大耳的大象

大象是现今生活在陆地上体形最大的动物。大象在野生环境内能够活到60岁，在动物界也算得上是高寿种类了。大象的身体庞大，像是一堵墙；四肢粗壮，就像是4根大柱子。嘴的两侧长着一对又长又硬的牙齿。成年象体重能够达到4～7吨，一天就要吃掉超过200多千克的食物。

亚洲象与非洲象的区别

亚洲象的耳朵要比非洲象的小。

亚洲象只有雄性才长有长牙，而非洲象雌雄都长有长牙。

大象的标志是它那粗壮灵活的长鼻子。它的鼻子是它生活中最主要的工具，既用来吃东西，也用来喷水洗澡，还能用来搬运木头，同时也是对付敌人的重要武器。

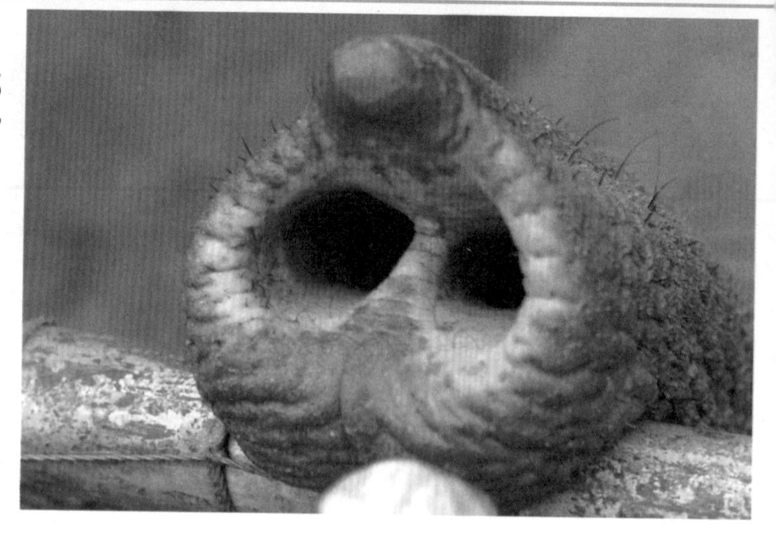

大象有很强的家庭观念。象与象之间有长辈和小辈之别，年岁小的见到年岁大的都要行见面礼，以表尊重。成年的大象也会在生活当中处处关怀照顾小象，若是小象犯了什么错误，它们也会很善意地抚慰小象。

亚洲象

亚洲象主要生活在亚洲南部的森林中，和非洲象相比，它们的个头儿要小一些，一般身高3米左右，身长约5米。

亚洲象性情温和。在东南亚，很早就有饲养亚洲象的历史，人们用大象作为搬运木材、开荒种地的工具。它们很通人性，而且也很聪明，经过人们的驯养和指导，亚洲象还能够表演杂技，成为马戏团中重要的演员之一。

亚洲象雌象总是生活在由年龄最长的雌象带领的象群中，而雄象喜欢自己行动，或是和其他雄象结成小的群体出去活动。

非洲象

非洲象主要生活在非洲的森林中，它们体型很大，身长有7米左右，身高将近4米。非洲象喜欢集体生活在一个群体里，大家一起吃、一起住，遇到危险时能够互相照应，壮大声势。每个象群当中都有一个领袖，遇到险情的时候，总是它先冲在前头。

非洲象生来性情暴躁，所以基本为野生，没有真正被驯化和饲养。它们总是一副高不可攀、盛气凌人的样子。它们打盹的时候都是直立站着的，足可见四肢的粗壮有力。

陆地“坦克”——犀牛

犀牛属于奇蹄类动物。它们是陆地上体型仅次于大象的大型哺乳动物。一只成年犀牛身高2米以上，体重可以达到2吨。犀牛的主要食物是植物，它们白天的大部分时间都用来吃草，一天可以消化掉半吨青草。

▼ 犀牛

犀牛的身上长有厚厚的皮，头部正中央长着一只或两只角。这只角的质地相当坚硬，它是由角质素硬化生成的，和我们人类指甲的生成物相似。

犀牛角很珍贵，不法捕猎者经常会以犀牛的利角为捕猎的目标，这造成犀牛大量被捕杀，或是被割掉角。这就使得幸存的犀牛失去了保护自己的武器，从而无法在与敌人的搏斗中取胜，而相继死去，总体数量也就急剧下降。

犀牛的分类

人们通常把非洲犀牛分成黑犀牛和白犀牛两大类。

黑犀牛的嘴唇很尖，它主要靠这个尖嘴唇在草丛中寻找食物。而且黑犀牛的颈部比白犀牛灵活，抬起头的时候要比白犀牛抬得高。黑犀牛不像白犀牛那么性情温顺，它们总是很暴躁。白犀牛喜欢啃食地上的矮草，而黑犀牛更喜欢吃树上的枝叶和果实，它的上唇可以缠绕住树枝，轻松地扯下树叶。

亚洲大陆有3个种类的犀牛，它们是爪哇犀、大独角犀（印度犀）和苏门答腊犀。现在只有被列入世界濒临灭绝动物花名册的大独角犀还能见到踪影。

犀牛主要生活在非洲及亚洲的野外，它们多数独居，也有小部分犀牛喜欢组成小的群体。

打滚对犀牛来说是个非常重要的本领。由于犀牛的生活习性和身体条件的限制，它们不能够经常保持身体的卫生，经常会遭受蚊虫的叮咬。所以犀牛隔一段时间就会到水坑中洗个澡，之后在浅滩的泥地中来回打滚，直到全身上下裹满淤泥，它们才会走上岸来晒太阳。等到身上的泥巴被晒干，和它们的身体混为一体的时候，就算大功告成了。这样，泥土糊住了犀牛的身体，蚊虫再有本事也闯不过这道关了。

独角犀

独角犀是亚洲特有的犀牛品种，它的肤色和非洲黑犀牛差不多，体型特征和生活习性比非洲黑犀牛更接近原始犀牛。

独角犀的身体不长，头上长着一对小巧的耳朵，只有一只角，而且形状短粗，不像非洲黑犀牛的角那么长，那么锋利。颈部也不是很灵活，嘴唇也不宽，它们一般是低着头啃食草原上的矮草和树根。

独角犀和其他犀牛相比，更像是个歌唱家，因为它们总是能够发出很多种不同的声音。

独角犀喜欢早晚活动，那是它们的活跃期。它们经常光顾草原、牧场和农田，寻找食物，同时也会毁坏农作物和田地。独角犀不仅吃陆地上的草，也吃水草，凭借高超的游泳技艺，它们能够寻找到更充足的食物。

现在世界上仅存1000多只独角犀，其中有一小部分生活在尼泊尔境内，还有一部分栖息在巴基斯坦境内。

“沙漠之舟”——骆驼

骆驼属于偶蹄类动物，它们是能够在沙漠中生活的为数不多的哺乳动物之一。骆驼主要生活在沙漠或是山地、平原上，它们的身体机能能够适应这些恶劣的生存环境。

在非洲的撒哈拉沙漠中，白天的气温最高能够达到60℃以上，换作其他动物，早就因为严重脱水而虚脱晕倒了，更别说还要驮着重重的货物穿越沙漠了。难能可贵的是，骆驼不仅能够身担重任在沙漠中行进，而且可以长时间不饮水，因此，人们给骆驼起了一个名副其实的爱称——“沙漠之舟”。

骆驼的眼睛上有很长很密的睫毛，白天可以用来遮挡刺眼的阳光；到了晚上有沙暴来临的时候，它又可以作为一道屏障盖住眼睛，避免迷眼。

骆驼强大的储水能力

在沙漠中，水是最宝贵的资源。要想在沙漠中顽强生存，就必须克服水分的过快蒸发。在这一点上，骆驼有它们独特的储水本领，并且能够在阳光暴晒下控制出汗量，减少排尿量。

骆驼身上的驼峰是一个容量惊人的“水箱”。实际上，贮藏在这里的并不是真正的水，而是厚厚的脂肪，等到需要能量的时候，骆驼就会分解驼峰里贮存的能量。等有机会补充食物和水分的时候，骆驼的驼峰又会鼓起来。

双峰驼

双峰驼，顾名思义，它们身上背着两个驼峰，相对于其他骆驼，它们具有更强的耐旱和抗旱能力，能够战胜艰苦的沙漠环境，并且可以适应沙漠昼夜温差的变化。

进食少，饮水少，记路性强，这些都是人们饲养双峰驼的原因所在，因为它们才是沙漠中真正的英雄。

相对于家养的双峰驼，野生的叫野骆驼。野骆驼体型偏瘦，但是身材高大，四肢细长。身体长着很短的毛，毛色为淡黄色。身体的颈部和膝部上面长有较长的毛。头部不大，吻短，也不像其他骆驼那样有条长尾巴。

每个驼群都会由一头健壮的雄性骆驼领队。它们主要以干草和沙枣等沙漠植物为食。野骆驼两年才会繁殖一次，一次也只能生下1只小骆驼。

▲ 双峰驼

▼ 单峰驼

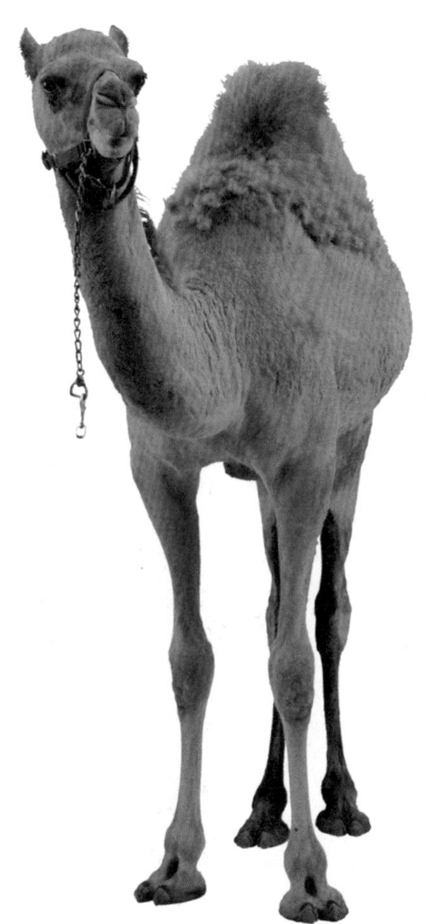

单峰驼

单峰驼，顾名思义，因有一个驼峰而得名。和双峰驼比起来，单峰驼略高，略细瘦，腿更细长，同样也能适应沙漠中的恶劣环境，只要能吃到足够的植物，就算不喝水，它们也能生存几个月。

有证据表明，人类早在公元前1800年就开始驯养单峰驼，到目前为止，野生的单峰驼已经灭绝，但是有些却再次被野化，如引入澳大利亚的单峰驼，已经成了具有一定规模的野生种群。

鹿科动物

世界上的鹿有很多种，且分布广泛。不同的生活环境，使鹿的外形和毛色都有差异。它们一般生活在荒漠和沼泽地带，虽然也属兽类，但却是典型的草食动物。

鹿长着善于奔跑的长腿，不但可以快速逃离敌人的魔爪，而且也是游泳时划水的主要工具。鹿天生胆小，只要一有动静就会竖起脖子左右张望。它们喜欢在清晨和傍晚出来活动，白天则在树丛中休息。

鹿角是雄鹿的标志，雄鹿长有坚硬舒展的角不仅仅是为了赢得雌鹿的青睐，更重要的是，这是它们保护自己、保卫鹿群的武器。成年雄鹿的鹿角是十分锋利的，能够挑破敌人的身体。

鹿茸

鹿刚刚长出的角并不是硬的，表面上包裹着柔软的皮肤保护层，里面长着大量血管，这就是我们通常所说的鹿茸。

夏天是鹿的繁殖季节。鹿喜欢群居，这样不仅能够互相照顾，而且在成员受到威胁的时候能够集体出击，顽强反击。小鹿总是和母鹿在一起，形影不离，直到它们能够独立生活。

梅花鹿

梅花鹿喜欢生活在广阔的灌木丛林中，一般情况下，只要不是气候条件有巨大的变化，或是有人为的干扰，它们是不会迁徙的。梅花鹿的活动区域受食物的分布和地形的影响，它们经常聚集在一起，成群结队地活动。

到了繁殖季节，雄鹿之间会为了得到雌鹿青睐而大打出手，挥动着坚硬的大角互相拼杀。等到繁殖期过后，它们又会恢复到从前的生活状态，过起独身生活。

梅花鹿性情温和，容易驯养。我国很早以前就有驯养梅花鹿的历史，这样既可以保证梅花鹿的安全，又可以科学、有规律地获取鹿茸。

驼鹿

驼鹿是世界上最大的鹿，主要分布在亚洲东北部、欧洲北部和美洲北部。它们生活在寒带的森林和沼泽地区，主要以树叶和嫩枝为食物。

驼鹿性情温顺，听觉和嗅觉都非常灵敏，只要一有敌情，它们拔腿就跑。驼鹿肩高达到2米以上，身长3米。身上的鬃毛是黑褐色的，四条腿上的毛是灰白色的。鼻子和上唇肥肥大大，头上的角不像其他鹿那样细，它们的角又扁又宽，像是张开的两把大扇子。

长脖巨人——长颈鹿

长颈鹿是现今生活在世界上的身体最高大的动物，它们主要分布在非洲的热带和亚热带宽阔的草原上。长颈鹿的皮坚硬，能够在荆棘丛中穿梭活动。它们温文尔雅，一直是动物世界中一道靓丽的风景。

▶陆地上最高大的动物——长颈鹿

成年长颈鹿体高6米以上，身上披着斑驳耀眼的花斑皮毛。对于长颈鹿来说，并没有什么真正可以抵御敌人的武器，只有它的脑袋可以派上用场。在它头骨中长着一块坚硬的骨瘤，遇到危险的时候，长颈鹿就挥起长长的脖子，用铁锤似的脑袋砸向对方。

长颈鹿伸长脖子能够够到五六米高树上的枝叶。它们平常特别喜欢吃金合欢树的枝叶，一般每天要吃掉30千克的树叶。它们的长脖子不仅能够使它们毫不费力地吃到自己想吃的美食，而且也是一个与生俱来的瞭望塔。它们俯下身子喝水的时候，也是最容易受到敌人攻击的时候。长颈鹿生有一双锐利的眼睛，能够在敌人还没接近自己的时候提早发现敌情。

长颈鹿的身世

事实上，亚洲才是长颈鹿的原产地，特别是中国和印度地区，曾经是长颈鹿的诞生地。但是后来随着生存环境的变化，食物逐渐匮乏，原来脖子比较短的种类已无法找到食物，只有脖子较长的种类才能够到树上的枝叶，维系生命。这样，在自然环境的逼迫下，只有长脖子的种类才存活下来，但是数量也很少。最后，长颈鹿的分布范围逐渐缩小，只有东非和南非一带还有幸存者，亚洲已经见不到野生的长颈鹿了。

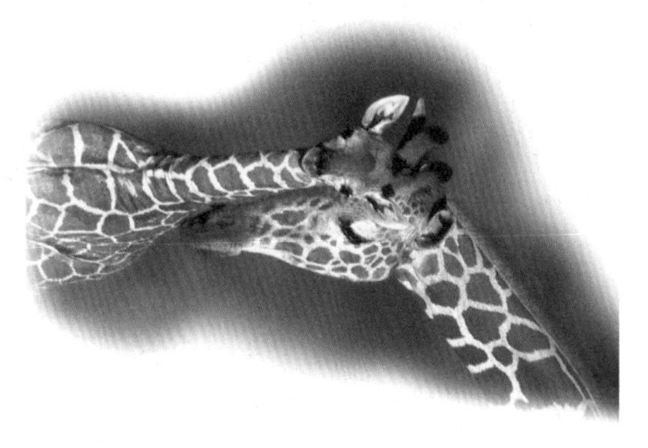

白天，长颈鹿总是一声不吭地吃树叶，悠然自得地在草原上散步，一副优雅的姿态。可是到了傍晚，它们会兴奋地嚎叫，有时还会聚集成一群在草原上狂奔。

灵长类动物

灵长类动物包括猴和猿，多数都生活在亚洲、非洲和美洲的温暖地带，热带和亚热带的森林是它们栖息的最佳环境。它们虽然大小各异，但是都有发达的大脑和比较灵活的四肢。眼睛长在头部的正前方，拇指和其他四指明显分开。

◀ 大猩猩

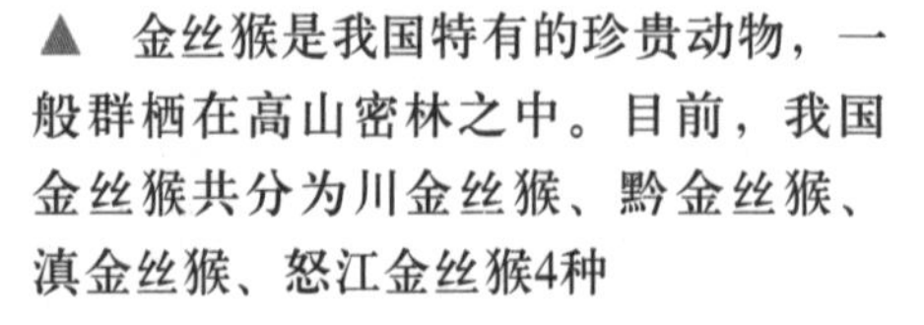

▲ 金丝猴是我国特有的珍贵动物，一般群栖在高山密林之中。目前，我国金丝猴共分为川金丝猴、黔金丝猴、滇金丝猴、怒江金丝猴4种

大猩猩

大猩猩是猩猩家族中体型最高大的，主要生活在非洲的扎伊尔、卢旺达和乌干达交界地区，那里是一个死火山群。由于大猩猩的数量在急剧下降，所以这些大猩猩都生活在保护区中。

大猩猩生活在很稳定的群体当中，一般来说，群体中有1只雄猩猩，若干只雌猩猩和几只小猩猩。

大猩猩一身黑色的毛，身高可以达到2米。虽然平时性情温顺，但要是发起火来就会大声狂吼，双手捶胸。

长臂猿

长臂猿是类人猿中身手最敏捷，也是体型最小的。它们虽然个头儿小，但是长着一双和身体大小不成比例的长臂。身体直立时，长臂垂直放下能够到地面。

长臂猿可以用两条长臂轮流抓住树干，在树与树之间来回自由地穿行。腾空时一跃可以达到十几米远，而且速度相当快。

珍稀动物

浑身雪白的雪豹

雪豹又名艾叶豹，是一种美丽而濒危的猫科动物，为国家一级保护动物，因终年生活在雪线附近而得名。雪豹在自然界中数量稀少，加之人们为利益驱使进行大量捕杀，数量所剩无几，而且人工饲养成活率极低，因此它是一种珍贵的动物。

爬行动物的“活化石”——扬子鳄

扬子鳄为我国特有，是国家一级保护动物。栖息在长江中下游地区，常在江湖、塘边掘穴而居，食物范围很广。它的外形和美洲短吻鳄差不多，但个体比美洲短吻鳄小，体长一般不超过1.5米。背部暗褐色，有些暗淡的黄色标记。尾部有灰黑相间的环纹。

可可西里的骄傲——藏羚羊

藏羚羊为国家一级保护动物，是我国重要珍稀物种之一，主要分布在新疆、青海、西藏的高原上。这些高原的精灵们天生胆怯，常隐于岩洞中，结群活动。藏羚羊的奔跑速度很快，时速可达80千米。

鲸类进化的“活化石”——白鳍豚

白鳍豚是世界珍稀的浅水水生动物，只有我国长江中下游的鄱阳湖、洞庭湖和洪湖地区才能看到它们的身影。白鳍豚全身淡灰色，腹部为白色，背部长有三角形背鳍，尾鳍扁平，中间分叉。身体呈纺锤形，体长2.5米左右，重达200千克以上。

白鳍豚耐严寒，习惯生活在深水区，也常常游到浅水区，然后以极快的速度潜入水底。鱼虾是它们的食物。

白鳍豚是研究鲸类进化的“活标本”，属国家一级保护动物。据估算，全国的白鳍豚仅剩不到300头。

游牧贵族——中华鲟

中华鲟属于大型的洄游性鱼类。它们长着又尖又直的吻，嘴中没有牙齿。身体趋向于流线型的圆柱体，头上还长着用来觅食的2对触须。它们身长虽然只有2米，但是体重却可以达到200多千克。中华鲟的寿命很长，一般可以活到150岁以上。

中华鲟在内陆的江河里出生，生长在海洋中。一条中华鲟需要经过10年左右的时间才能够发育成熟。等到成熟之后，它们又会从浅海游回内陆的河流中生活。

到了每年的9、10月份，中华鲟就会沿着长江逆流而上，到上游去繁殖后代。等后代降生之后，又会重复同样的生长历程，周而复始。

由于内陆江河的水利改造工程破坏了正常的生态环境，再加上非法捕杀，中华鲟的数目急剧减少，已经到了濒临灭绝的危险程度了。

中华鲟化石

东方明珠——朱鹮

朱鹮是世界上一种极其珍稀的鸟，曾经在中国、朝鲜、日本和俄罗斯等地有它们的身影。后来基本绝迹，现在日本还有几只人工饲养的朱鹮，在我国也有一部分经过全力挽救的朱鹮。目前，朱鹮的数量已经有所增加。

朱鹭是朱鹮的另一个名字，凤冠，长喙，红色脸颊，白色羽毛中夹着红色。它不仅享有“东方明珠”的美誉，而且还被世界鸟类协会列为“国际保护鸟”。

亭亭秀美的丹顶鹤

丹顶鹤属我国一级保护动物，全世界的野生丹顶鹤约有1200只，我国占其总数的50%以上。丹顶鹤主要分布在我国东北、俄罗斯和日本一带。丹顶鹤外形秀美，身材婀娜，给人以高贵、优雅的感觉。它们在沼泽地里行走时缓步轻移，飞上云霄时舒展有力。

丹顶鹤是典型的候鸟，每年都会在寒冬来临之前，从北方向南方温暖的地区迁徙，在那里它们能够找到充足的食物。它们主要生活在芦苇、草丛茂盛的沼泽地带，以小鱼、小虾和植物的根茎为食。

丹顶鹤一身洁白的羽毛，尾部的飞羽是黑色的，喉部、颊部和颈部为褐色。头部的顶端有一块为红色，远远看去就像是戴着一顶小红帽。

每到春季，雄鹤就会扇动着翅膀，发出优美的求偶声。一旦它和雌鹤结成一对，就会白头偕老，永远在一起。

“四不像”——麋鹿

麋鹿是我国特有的鹿种，原产于黄河流域一带，属草食性哺乳动物。成年麋鹿体型较大，身长2米左右，肩高1米以上，体重达到200千克。毛呈淡褐色，腰部较浅，背部的皮毛颜色较深。雄鹿的头上长着一对角，它的尾巴是各种鹿中最长的。

麋鹿喜欢生活在植被茂密的沼泽地区和湖泊的岸边，它们不仅在陆地上奔跑迅速，而且还能够在水中游泳，潜入水下觅食。它们生来性情温和，但是到了夏季的交配期，雄鹿之间会为了争夺最佳的异性伴侣而你打我拼。麋鹿的孕期比其他鹿都要长，一次只可以产1仔。麋鹿的寿命一般在20年左右。

麋鹿的外形很奇特，每个部位和其他动物都有相似之处，让人觉得像是一个奇妙的综合体。它的颈部很像骆驼，角像鹿，长长的尾巴和驴尾很相像，蹄子又有些牛蹄的模样，所以人们经常叫它“四不像”。

憨态可掬的树袋熊

树袋熊是澳大利亚特有的珍稀原始树栖动物，属有袋目树袋熊科。它浑身的毛很柔软，而且比较厚，看上去毛茸茸的，很是招人喜欢。两只眼睛中间长着一个醒目的大黑鼻头，头两端的耳朵上也长着厚厚的茸毛，像一个活生生的玩具。

树袋熊也叫考拉，它的腹部长着一个育儿袋，小考拉正好可以钻进去，由妈妈带着玩耍、觅食。出生后的小考拉要在妈妈的袋子里生活近半年的时间，才能够脱离妈妈的照顾。

中华瑰宝——大熊猫

大熊猫不仅是我国的国宝，在全世界也是极其珍贵的动物之一。大熊猫是生活在大森林中的一种很可爱的动物，它们曾经也是肉食动物，但是后来，随着生存环境的改变和自身的演变，大熊猫主要以竹子为食物，一天要吃掉20～30千克的竹子。

大熊猫古名“食铁兽”，之所以得了这样一个奇怪的名字，是因为大熊猫在找不到盐吃的情况下，时常会闯进人们的家里，舔食铁锅里的残余盐分，有时候会把铁制的炊具咬坏。当时的人们误以为大熊猫在吃铁，于是给它取名“食铁兽”。

大熊猫身体笨重，四肢粗壮有力，胖胖乎乎的，走起路来更是一摇一摆的。大熊猫的眼睛周围长着一圈标志性的黑眼圈，全身上下的皮毛主要以黑白为主。成年大熊猫一般身长1.5米，体重达到了100千克以上，寿命在20～30年。每年的春季是大熊猫的繁殖季节，每胎可以产1～2仔。

傲气十足的金丝猴

金丝猴属我国特有的世界珍稀动物，主要生活在云南、贵州、四川和甘肃等地茂密的树林中。它们圆头圆脑，长着一条长尾巴，最惹眼的就是一身金黄色的毛，在太阳的照射下闪闪发光。

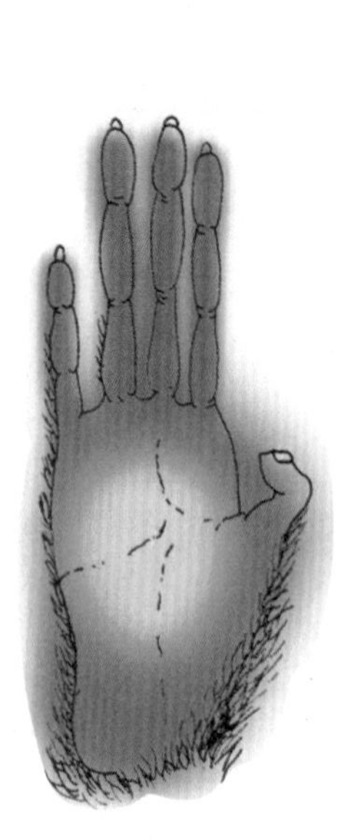
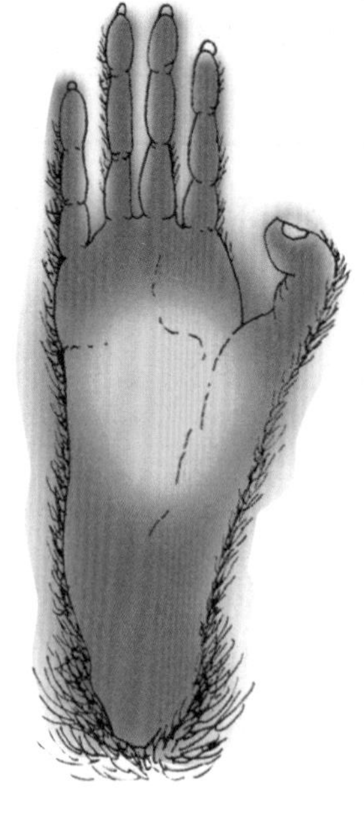

▲ 滇金丝猴掌型

▲ 川金丝猴

◀ 滇金丝猴

金丝猴喜欢集体生活，在一个猴群当中，总会有一个经过激烈搏斗后产生的猴王。金丝猴擅长爬树，能够轻松地在高大树干之间快速穿行。

绿色植物是人类的生命线，我们无法想象，地球上若是没有了植物，世界将会变成什么样子。

奇妙生物

植 物 天 地

植物

在地球上除了动物之外，最大的生物类群就属植物了。世界因为有了万千植物，有了绿色，才焕发出了勃勃的生机。植物的身影遍布地球的每一个角落，从冰封的雪山到深邃的海底，从一望无际的草原到荒凉的沙漠，绿色植物无处不在。它们不仅为地球上的生命提供了足够的能量和养料，也为我们生活的地球家园平添了无穷的色彩。

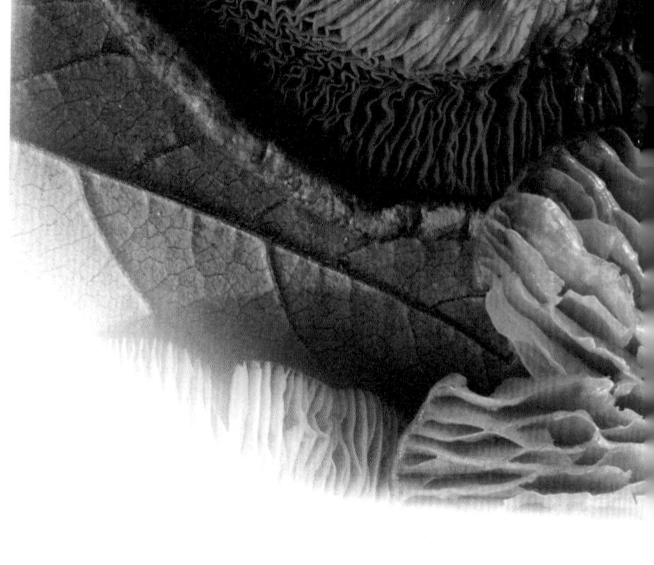

地球上的植物

种子类植物约20万种
苔藓类植物约2.3万种
真菌类植物约10万种
地衣类植物约1.6万种
藻类植物约1.7万种

地球上现存的植物种类约有40万种。它们形态各异，有开花结果的大树，也有野生的小草；有单细胞的菌类植物和藻类植物，也有随风飞舞的蒲公英。人们通常简单地把它们分成两类：一类是开花植物，另一类是不开花植物。

与其他生物相比，植物拥有一手高超的本领，它们能够借助阳光进行光合作用。大多数植物表面的叶片宽而平，当阳光照在上面的时候能够充分受光，这里就是进行光合作用的场所。

尽管植物的种类繁多；生长环境各异，植物还是有些共同特征的。除了极少数以外，绝大部分植物都是由细胞组成。在众多的植物种类中，种子植物是当今地球上种类最多、数目最庞大、分布最广的，并且也是结构形态最复杂的。

种子植物根据自身茎干的种类可分为草本植物和木本植物。

草本植物分类

1.一年生植物

一般在一个生长季就会完成全部生活史。在生长季完成从种子萌芽到开花结果的全过程。

（例：玉米、高粱、大豆）

2.二年生植物

通常在两个生长季内就可以完成全部生活史。第一年播种后长出根、茎、叶，直到第二年才开花结果。

（例：白菜、冬小麦、洋葱）

草本植物的特征

▲ 茎内木质化组织相对较少
▲ 枝干柔软
▲ 植被的高度比较矮小

3.多年生植物

生长季在两年以上。植物地上部分随生长季结束而死亡，而地下的根茎则不会受到影响。

（例：菊花、百合）

木本植物分类

1.乔木

植株高大，主干直立并且坚硬，距地面较高的主干顶端生有茂盛的分枝，形成面积较大的树冠。

（例：松树、柏树、泡桐）

2.灌木

植株相对矮小，主干不明显，多为距地面较近的丛生。

（例：黄杨、茶树、紫荆）

3.半灌木

外形与灌木相似，在越冬时地上部分枯萎死亡。

（例：黄丝桃）

木本植物的特征

▲ 茎内木质化组织比较发达
▲ 枝干坚硬挺拔
▲ 有分枝长在距地面较高处

维系生命的根

大多数成年植物在营养生长期内，可以明显地看出完整的植株分为三种器官——根、茎、叶。这些器官的结构与形态的不同以及功能的差异，影响着植物的多样性以及生态特征，它们担负着植物体营养供应的重要任务，人们将这些器官称为营养器官。

根冠就像一顶盖在根尖端的大帽子，帽子里长满了许许多多的生长点，它们是根系组织生长的发源地。伸长区是根系中最苗条的部位，也是生长最旺盛的地方。根从土壤中吸收水分主要是靠根毛区数目繁多的根毛完成的，它们像一台台有力的抽水机，能够将植物生长期中所需的水分及时抽调上来。在根的生长过程中，随着根的成熟，成熟区也会不断增加。

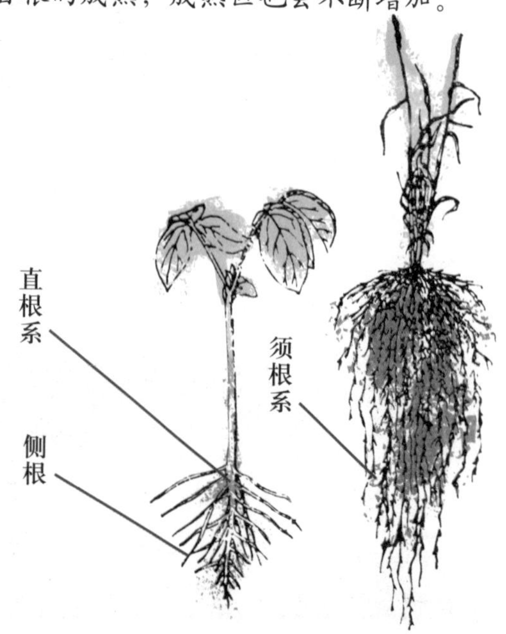

根系的两大家族

△ 直根系：具有十分明显的主根和侧根。

△ 须根系：主根与侧根没有明显区别，整个根系呈分散的胡须状。

我们在公园的湖中看到的水上浮萍，它们的根属于水生根。

▲ 浮萍

我国北方在冬季经常贮存的萝卜和甘薯都属于块状根。

◀ 萝卜

▼ 甘薯

根主要分为五部分

- 根冠
- 生长点
- 伸长区
- 根毛区
- 成熟区

在植物的发展过程中，由于所处的环境和气候以及土壤质量的不同，许多植物为了适应生存环境，逐渐形成了具有地域特色和自身特点的根系。植物体生长所需的养分绝大多数是靠根吸收供应的。

菟丝子的根系已经演变成了吸盘器，它们不是钻入地下，而是缠绕在大豆的植株上吸取大豆茎内的养分。

▲ 菟丝子

养料“运输工”——茎

茎是植物的营养器官之一，如果说根是营养的摄取者，那么植物的茎就是输送养料的运输工，它们是组成植株地上部分的支干，多数植物茎的顶端总是会无限向上生长，与茂盛的叶子形成了植株庞大的支系。

茎的种类

1.地上茎

▲ 直立茎（棉花）
▲ 缠绕茎（牵牛花）
▲ 匍匐茎（甘薯）
▲ 攀缘茎（葡萄）

2.地下茎

▲ 根状茎（藕）
▲ 块茎（马铃薯）
▲ 球茎（荸荠）
▲ 鳞茎（葱）

▶ 多花木兰的茎和芽

茎的支撑作用

茎内的纤维和机械组织，以及木质中的导管，好比高楼大厦中坚固的钢筋混凝土，它们特殊的结构能够使植株保持直立的姿态，坚固的内在组织可以为植株起到强大的支撑作用。也正是有了茎的坚强支撑和顽强抵御，植被才能够在自然界中躲过狂风暴雨的袭击。

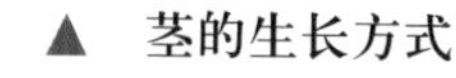

▲ 茎的生长方式

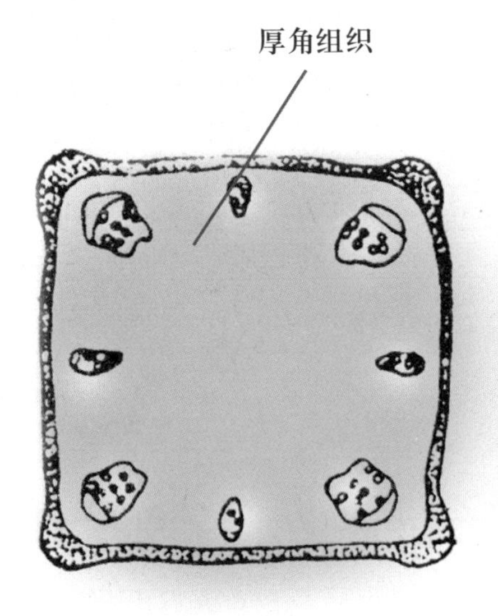

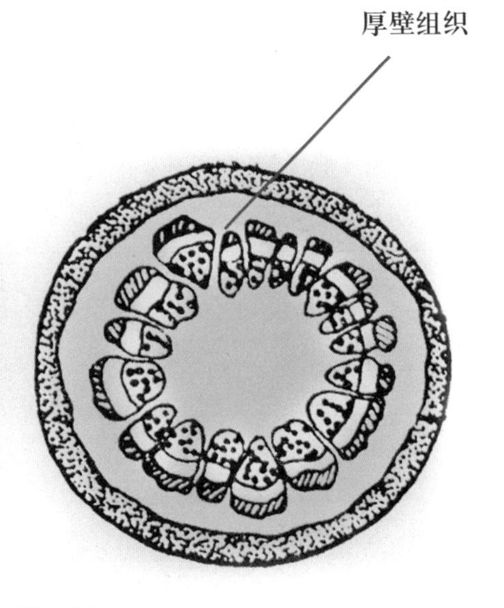

▲ 茎机械组织

茎的输送功能

在植物茎的木质部中生有导管和管胞，它们能够将根部吸收上来的水分和无机盐向上传送。根部所吸取的所有养分都要通过茎的木质部才可以输送到植物体的每个部分，它们也是植株结构中唯一可以起到输送作用的内部器官。

茎的传输过程是一个非常复杂的循环过程，植物的光合作用和蒸腾作用都对养料的输送起着重要的作用。

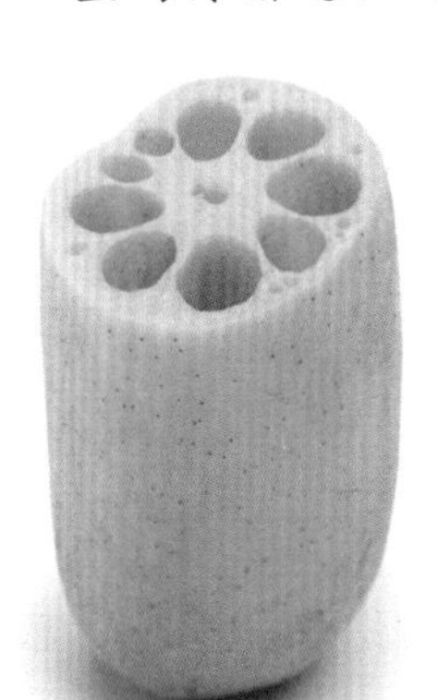

◀ 藕是莲花的茎

▲ 木兰幼枝

营养加工基地——叶

对于植物来说，叶子的形态是最多样也最有学问的，它们的千姿百态并不是在相互比美，而是根据自身的种类特点在不同环境中逐渐演变成的自然选择。叶不仅是植物体制造养料的工业区，也是植物自身进行光合作用的主要场所。

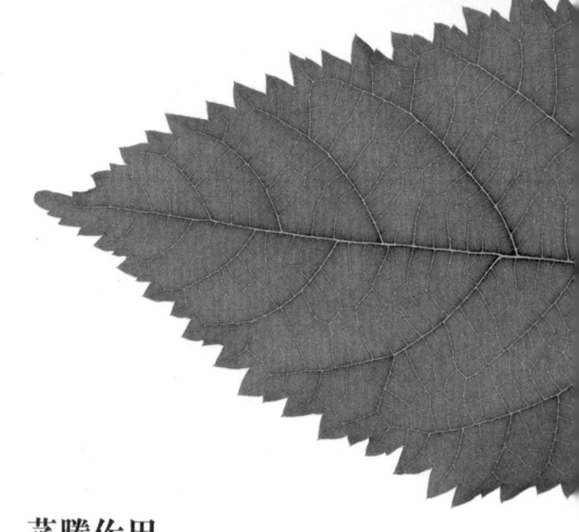

蒸腾作用

蒸腾作用指的是水分以气态的形式从生命体的表面挥发到空气中的现象。

蒸腾作用具有十分重要的意义：

1.蒸腾作用促使根系从地下吸收水分，进行体内水循环。

2.当叶面进行蒸腾作用时，补充的水分能够将根系吸收的矿物质输送到其他器官。

3.蒸腾作用发生的同时，可以有效地降低叶面在阳光照射下的温度，以免脱水枯死。

光合作用

植物细胞的内部生有大量叶绿体，尤其以叶子的表面分布居多。叶绿体能利用太阳光提供的光能，将简单的无机物（水和二氧化碳）转化为碳水化合物，植物学上将这个过程叫做光合作用。

光合作用其实是将光能转化成化学能的过程。植物将光合作用产生的化学能储存在有机物（碳水化合物）中，释放出的能量不仅能够为自己所用，还能为人类和其他动物提供呼吸所需要的氧气。

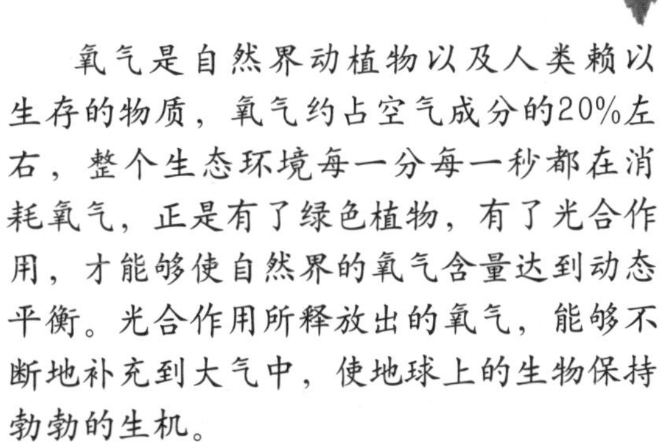

氧气是自然界动植物以及人类赖以生存的物质，氧气约占空气成分的20%左右，整个生态环境每一分每一秒都在消耗氧气，正是有了绿色植物，有了光合作用，才能够使自然界的氧气含量达到动态平衡。光合作用所释放出的氧气，能够不断地补充到大气中，使地球上的生物保持勃勃的生机。

萌芽的种子

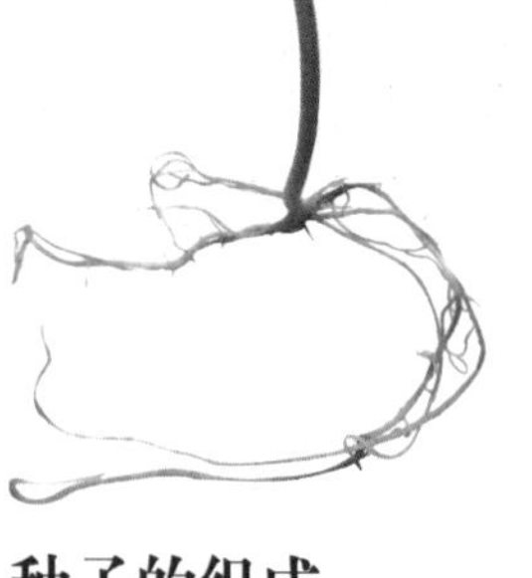

种子是有种植物特有的繁殖器官，它也是植物传宗接代、孕育新生命的重要组成部分。和我们人一样，植物的种子会和它的成熟植株具有“血缘关系”，将来长到成熟期后会和上辈有相同的体貌特征。

种子的组成

种子的结构包括种皮、胚和胚乳三部分。它们分别是由珠被、受精卵和受精的极核发育而成的。不同植物的种子大小、形状、颜色以及内部结构都不相同，但是所有植物种子的发育过程却是大同小异的。

胚

胚的发育其实已经是植物的雏形了，它是种子当中最重要的部分。

种皮

种皮就是种子的外面包裹着的一件“外衣”，主要是起保护种子的作用。

胚乳

种子中的营养成分都是汇集在胚乳中的，这里是养料的仓库。

不同植物的种子结构差异很大，它们主要取决于珠被的多少和种皮在发育过程中的变化。

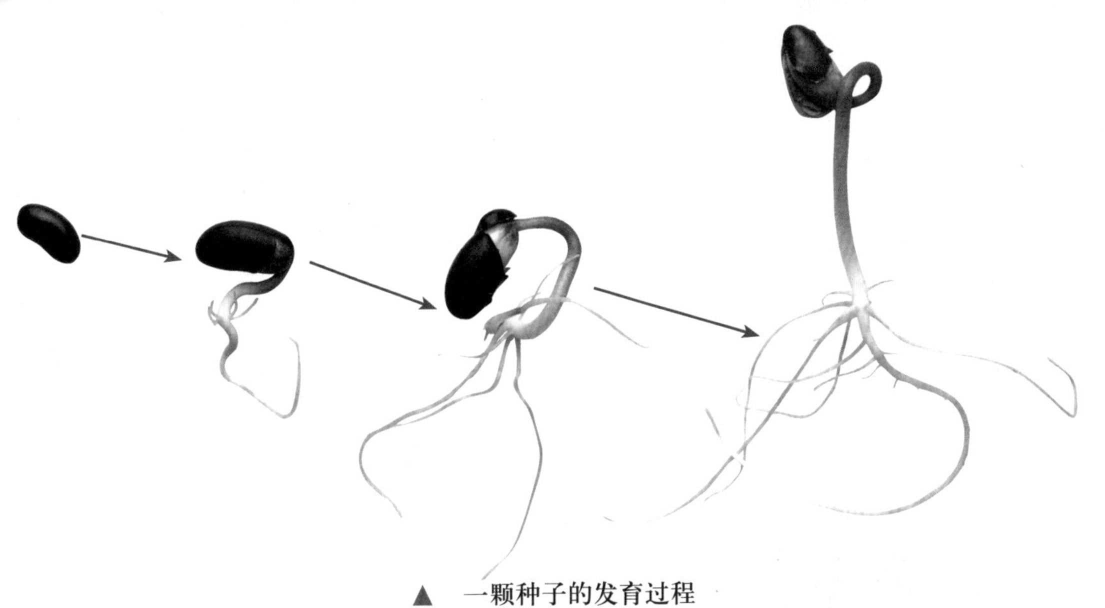

▲ 一颗种子的发育过程

种子休眠

成熟的、具有生命力的种子，在温度、水分和养分适宜的情况下不能够萌发的现象。

花

自然界的许多植物在生长到成熟期的时候，都会开出漂亮的花朵。花不仅千姿百态、五颜六色，更重要的是，花是种子植物的繁殖器官，也是植物发育成熟的主要标志。

一朵完整的花，一般是由花瓣、花托、花萼、花冠和花蕊五部分组成的。

花冠是一朵花中所有花瓣的总称

植物细胞的色素为杂色体，花瓣就会呈现出像橙红或是橙黄一样的颜色；

植物细胞中含有花青素，花瓣就会呈现出红色、蓝色和紫色。

花瓣的基部可以分泌出蜜汁的腺体，蜜汁带有浓郁的香气，经过阳光的照射就会飘散在空气中。

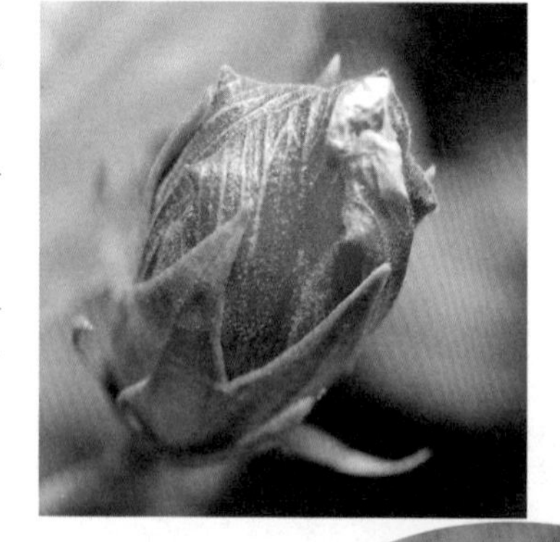

◀ 花萼在花朵尚未开放时，起着保护花蕾的作用

花冠

花冠的形态各异，主要由花瓣组成，花瓣的数目有所不同，它们分一轮或是多轮排列。花冠长在花萼的上部，颜色主要是细胞内色素的颜色反映。

花冠通常具有漂亮的颜色，能够保护花蕊，在繁殖期间主要依靠花冠的艳丽色彩吸引昆虫来传粉。

▶ 花蕊

果实

果实是被子植物的花经传粉、受精后，由雌蕊的子房或有花的其他部分参加而形成的具有果皮及种子的器官。

果实一般包括果皮和种子两部分，果皮又可以分为外果皮、中果皮和内果皮。

▲ 栗子是栗树的果实

根据来源不同，果实可分为单果、聚合果和复果三大类。

单果是由一朵花的单雌蕊或复雌蕊的子房发育而成的果实，如苹果、樱桃等。

聚合果是由一朵花内若干个离生心皮发育形成的果实，如八角、草莓等。

复果是由整个花序发育而成的果实，如无花果、桑葚等。

传粉

当植物雄蕊中的花粉和雌蕊中的胚囊到了成熟的时候，紧闭的花骨朵就会渐渐展开，里面的雌蕊和雄蕊就会显露出来，也就是我们通常所说的开花。开花之后，下一步进行的就是传粉了。

在一般条件下，花粉只有粘附在柱头上才能够自然顺利地萌发。每种植物的柱头都会对落在上面的花粉进行选择，只有有利于自身发育并且具有一部分亲和性质的花粉，才会自然地萌发。

作为植物的有性生殖，传粉是不可缺少的，没有传粉就不可能完成受精的全过程。

传粉的通常方式是：花粉囊散发出的花粉借助其他力量，例如风、水、昆虫的传播等，被传递到其他花雌蕊的柱头上。

▼ 花粉结构

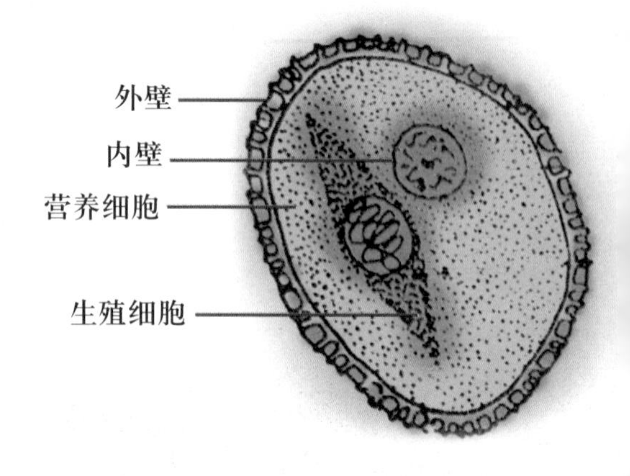

▲ 昆虫可以将花粉带到远方

▼ 风力可以将玉米的花粉吹到很远的地方

▼ 蜜蜂在采蜜的过程中会不经意地带走花粉

常见的传粉方式

1. 自花传粉——散落到自己的柱头上的传粉现象。

（例：小麦、番茄）

自花传粉的番茄 ▶

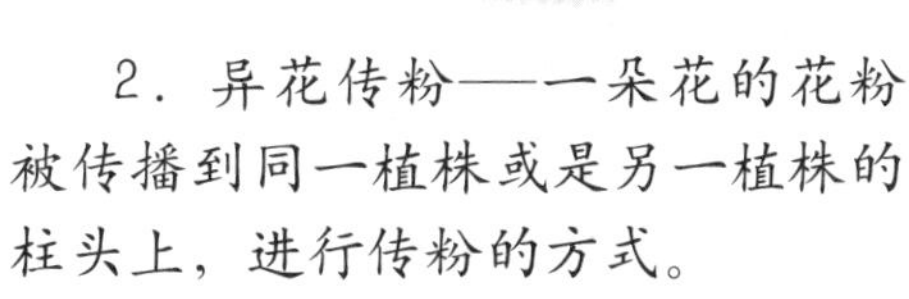

2. 异花传粉——一朵花的花粉被传播到同一植株或是另一植株的柱头上，进行传粉的方式。

（例：南瓜、油菜）

◀ 异花传粉的南瓜

根据传粉方式不同，我们将植株分为风媒花和虫媒花

1. 风媒花——依靠风力作用进行传粉的花。
（例：蒲公英、杨树）
2. 虫媒花——依靠昆虫的传播进行传粉的花。
能够传递花粉的昆虫有蜂、蛾、蝶等。

受精作用

当传粉进行完毕后，花柱头上就会长出花粉管，管内会生成植物受精的雄性配子——精子，顺着花粉管的方向一直进入到胚珠的胚囊中，和卵细胞以及极核混合在一起，这种植株雌雄两性配子相互交融的过程叫做受精作用。

藻类植物

并不是所有的植物都像我们看到的树木花草一样，它们当中还有很多低等植物，它们没有根、茎、叶，结构比较简单。虽然它们在植物大家族中的地位不高，但是它们对自然界的贡献，以及在植物进化过程中所起到的作用是不能被抹煞的。

和动物的进化历程一样，植物的进化也经过一个从低等到高等的漫长过程，藻类就属于低等植物中的一大类。藻类植物大约有2万多种，小到只有在显微镜下才能看到的单细胞藻类，大到身长几十米的藻类，它们虽然都是藻类，但是相差悬殊。

▲ 海带含有丰富的营养物质，是人们经常吃的一类藻类植物

藻类通常生活在海洋、湖泊或是一些潮湿地带，它们的生存能力很强，很多地方都能见到它们的踪迹。有些藻类植物可以直接食用，而且具有丰富的营养。蓝藻是最古老的原核生物，硅藻是形态变化最多的藻类。

藻类植物的五大特征

1.藻类植物本身并不具备根、茎、叶，主要以单细胞、丝状、带状、群状等形态存在。

2.藻类植物体内都生有光合色素，主要进行的是光合自养。光合色素包括：叶绿素、类胡萝卜素、藻胆素。

3.受精卵不发育成胚，直接发育成新个体。

4.生有单细胞结构的生殖器官。

5.喜欢生活在水中或是潮湿地带。

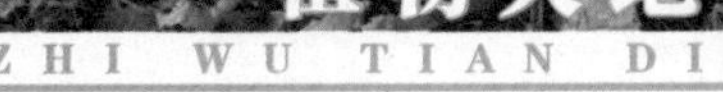

蕨类植物

蕨类植物是高等植物家族中较低等的类群，也是世界上出现最早的陆生植物类群。有一个不争的事实可以帮助我们回顾蕨类植物的历史，那就是我们现在使用的煤炭主要都是由古代的蕨类植物变成的，由此可以看出，它们曾经是地球上数目最为庞大的植物类群之一。

地球上的蕨类植物有1万多种，它们的分布也是相当广泛的，正是由于它们生命力很强，所以除了干旱的沙漠地区和冰冷的极地，到处都有蕨类植物的分布。

蕨类植物具有能够独立生活的孢子体和配子体。相对于其他高等植物，它们的配子比较小，结构也很简单。蕨类植物有根、茎、叶，但是根通常是须根，主要用来吸收养分；茎也不是一根独立的，而且很少可以直立。

苔藓植物

苔藓植物是进化水平比较低的小型多细胞高等植物。苔藓植物一般也就几厘米的身材，质地柔软，植株本身也分茎和叶，它们没有真正的根，只有起吸水和附着作用的假根，而且内部不具有纤维管组织。目前，全世界约有23000种苔藓植物，我国约有2200多种。

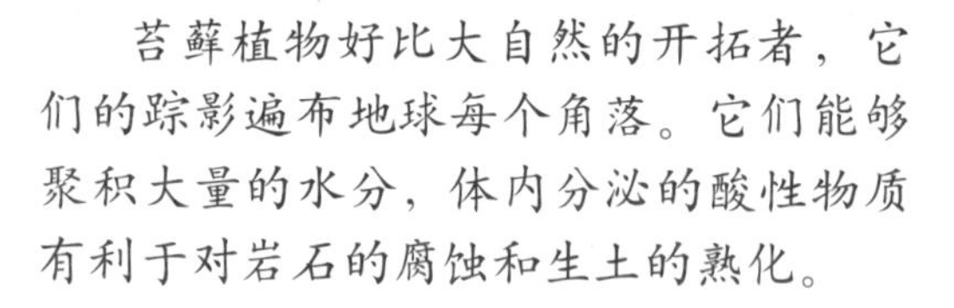

苔藓植物好比大自然的开拓者，它们的踪影遍布地球每个角落。它们能够聚积大量的水分，体内分泌的酸性物质有利于对岩石的腐蚀和生土的熟化。

裸子植物

裸子植物是介于蕨类植物和被子植物之间的一类高等植物。它们是生长在温带森林中的高大植物。裸子植物的叶子大多呈针状或是长条状，因为它们的种子始终是裸露在外面的，所以得名裸子植物。

裸子植物的生长历史久远，大约在34.5亿年前，最初的裸子植物就已经出现在地球上了。直到现在，地球生态系统的气候已经发生了多次重大变化，裸子植物也经过了多次大的演变，现在我们看到的就是演变后保留下来的品种。

裸子植物的特征

1.孢子发达。
2.胚珠裸露在外面。
3.具有颈卵的构造。
4.传递的花粉可以直接达到胚珠。

松

我国北方的冬天，大部分植物都已经枯叶掉尽，单薄地站在风雪中。只有松树依旧挺拔翠绿，顽强地在冰雪中傲视群雄。松树属于乔木，绝大多数常年保持绿色。叶子为条形或针形，条形的叶子表面扁平；针形叶子一簇2～5针，具有很好的韧性。

松树耐高温的能力很是惊人，一般植物在50℃以上的高温下早就脱水枯死了，但是松树至多会流出一些松油而已，不会影响到叶子的生命。

被子植物

被子植物是地球上迄今为止最高级的植物。自然界中被子植物大概有20多万种，它们分布广泛，适应周围生存环境的能力也很强。被子植物的胚珠不是裸露在外面，而是包裹在子房里的，只有条件成熟的时候，才会发育成果实和种子。

菊科是被子植物最大的科 ▶

▲ 我们常吃的胡椒也属于被子植物

被子植物的种类繁多，而且都和人类生活息息相关，是许多行业生产原材料的首选。被子植物由根、茎、叶、种子和果实组成。它们具有发达的根系，能够深入地下，尽可能地吸收地下的水分和养料，而且能够更加坚固地扎进地下，使植株稳固地直立在地上。

被子植物的特征

1.生有雌蕊。

2.具有真正的花。

（被子植物的花由花萼、花冠、雌蕊、雄蕊四部分组成）

3.具有双受精现象。

4.孢子高度发达。

5.配子体逐渐退化。

▲ 被子植物——百合

微生物虽然在生物界中“个头儿”最小，但是，它们的广大神通却是其他生物类群所不能比拟的。

奇妙生物

显微镜下的生命

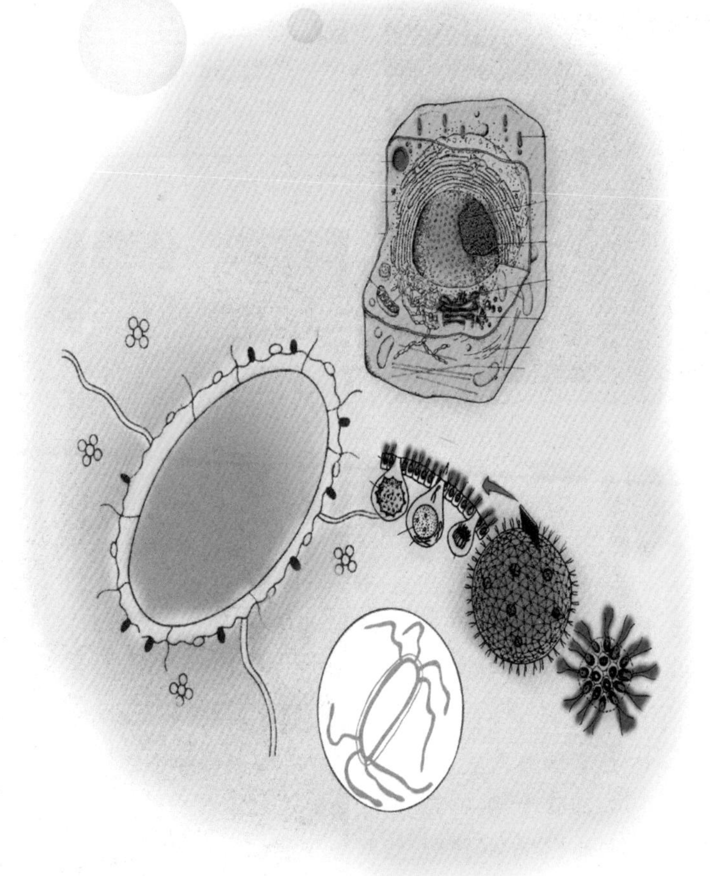

微生物

在我们生活的世界里，生命不单单是我们眼前出现的动物和植物，还有更多的生命体是我们肉眼所看不到的，但是它们就生活在我们周围，与我们的生活息息相关，形影不离。

无论是威耸的高山，辽阔的草原，还是熙攘的人群，喧嚣的都市，它们的踪影无处不在。我们每吸一口新鲜的空气，每喝一杯醇香的美酒，都是在享受着它们的恩惠。它们就是队伍庞大的微生物大军。

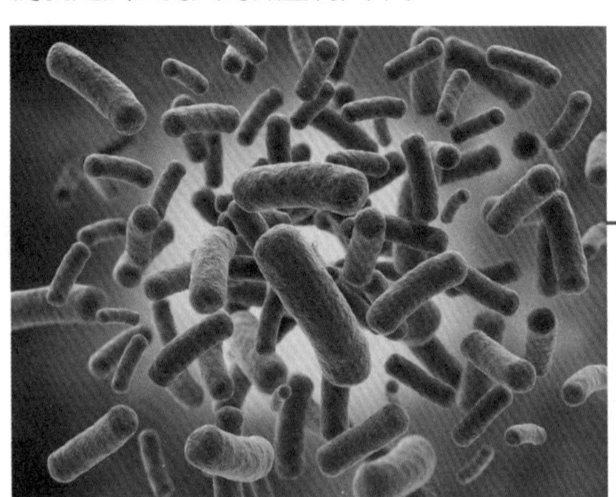

微生物模型

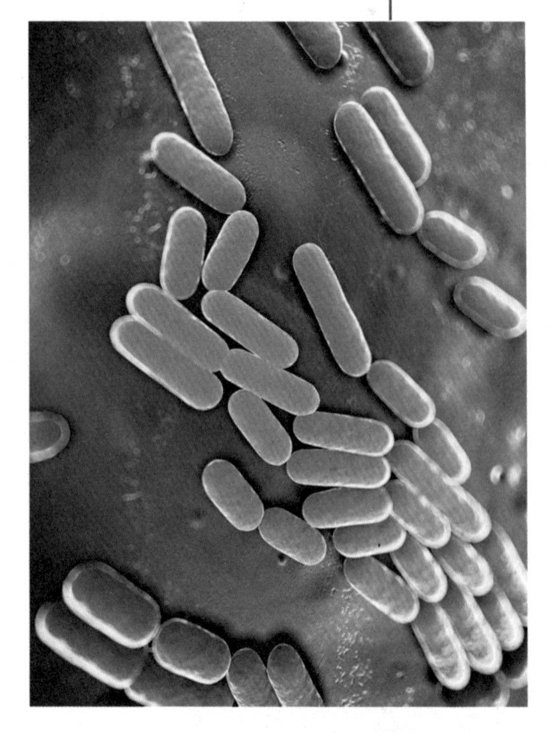

微生物的大小

微生物的大小只能用微米或是更小的单位来表示，1000微米=1毫米。一般一个细菌也就有几微米大小，这样的个头儿别说用肉眼，就是在显微镜下也要找上半天。

别看它们个子小，但是它们的食量相对于它们的大小是很惊人的。微生物的整个体表都具有吸收营养物质的能力，它们为了维持自身的活力就要不停地进行物质交换。

微生物的发现

在300多年前的欧洲，有一个叫列文虎克的荷兰人，他虽然学识不是很渊博，但是从小就十分热爱科学，喜欢埋头钻研。他后来掌握了一套先进的磨制放大镜的技术，自己研制了一台能够将物体放大200多倍的显微镜。虽然结构和做工都很粗糙，但是就其性能而言，在当时已经有了一个质的飞跃。

一天，虎克无意中将牙齿缝中的碎屑放到了显微镜下面，当他把眼睛凑到镜头前一看，吃惊地叫了一声，镜头中的碎屑中竟然有无数小生命在活动，他简直不敢相信自己的眼睛。这些活动着的小东西，就是我们所说的细菌。虎克也因此成为世界上第一个通过显微镜观察到细菌的人，从此也开辟了人类探索微生物的新道路。

▲ 微生物的发现者——列文虎克

声名显赫的细菌

细菌是最为平常的生物，但它们却是微生物中的一个大类，只有在显微镜下面才能够看见。大多数细菌是不运动的，主要是因为它们体积小，重量微乎其微，所以它们总是随波逐流，随风飞舞。

世界上的细菌约有4000多种，它们实际上是包含着DNA的化学物质。有的在细胞周围附着一层黏稠的液体，这层黏膜不仅是保护自身的外衣，而且也是贮存养料的仓库。有些细菌的尾部还长有几条鞭状尾巴。

▲ 寄居在蜜蜂身上的瓦螨细菌

真菌

真菌是微生物世界中种类最多的一类，所有成员加起来总共有20多万种。真菌的年龄要比细菌小，它们的进化历程要比细菌晚上几亿年，所以它们也是微生物世界中最有活力的年轻一族。

人们把真菌的细胞称作真核细胞，因为真菌明显区别于细菌和其他菌类，它们已经有了真正完整的细胞核。从最初的原核细胞发展到真核细胞，是生物进化史上的又一里程碑。

其实，真菌在我们生活中的应用是很广泛的，无论是经过发酵酿成的美酒，树下生长的珍蘑，还是在炒菜时候放的酱油，都有真菌的功劳。

▲ 蘑菇是一种大型的真菌

病毒

病毒在微生物世界中个头儿最小，它们不能够自我复制，但是能够强行进入其他细胞内部，随即就寄生在里面，利用主细胞的生命机能和成长过程复制自身，并且在过程中逐渐摧毁主细胞。

病毒和其他微生物不同，它们没有细胞壁和细胞膜，更不要说是细胞质和细胞核了。它们是由蛋白质和核酸构成的，所以体积很小。它们进入其他细胞后会寄生在那里，靠吸收主细胞的营养来维持自己的生命。它们在寄生的过程中，会给动植物和人类带来很多的不便和流行性疾病。

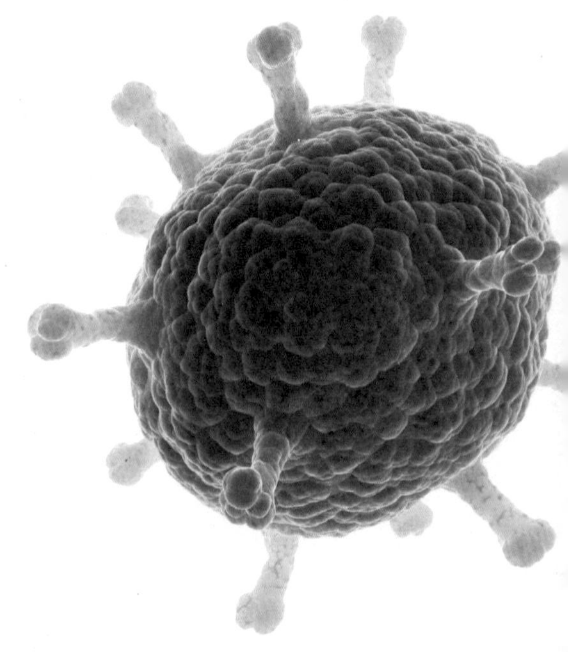

▲ 病毒模型